避险与救助全攻略丛书

家庭突发事件应急救助

JIATING TUFA SHIJIAN YINGJI JIUZHU

陈祖朝　丛书主编
马建云　本册主编

中国环境出版社·北京

图书在版编目（CIP）数据

家庭突发事件应急救助 / 马建云主编 . — 北京：
中国环境出版社，2013.5（2015.1 重印）
（避险与救助全攻略丛书 / 陈祖朝主编）
ISBN 978-7-5111-1232-3

Ⅰ．①家… Ⅱ．①马… Ⅲ．①家庭－事故－自救互
救－普及读物 Ⅳ．① X956-49

中国版本图书馆 CIP 数据核字（2013）第 006198 号

出 版 人　王新程
责任编辑　俞光旭
责任校对　唐丽虹
装帧设计　金　喆

出版发行　中国环境出版社
　　　　　（100062 北京市东城区广渠门内大街 16 号）
　　　　　网　　址：http://www.cesp.com.cn
　　　　　电子邮箱：bjgl@cesp.com.cn
　　　　　联系电话：010-67112765（编辑管理部）
　　　　　发行热线：010-67125803，010-67113405（传真）
印　　刷　北京中科印刷有限公司
经　　销　各地新华书店
版　　次　2013 年 5 月第 1 版
印　　次　2015 年 1 月第 3 次印刷
开　　本　880 × 1230 1/32
印　　张　5
字　　数　105 千字
定　　价　15.00 元

《避险与救助全攻略丛书》
编委会

主　编：陈祖朝

副主编：陈晓林　周白霞

编　委：周白霞　马建云　王永西

　　　　陈晓林　范茂魁　高卫东

《家庭突发事件应急救助》

本册主编：马建云

编　者：马建云　刘　彬　葛巍巍

绘　图：陈　镇

安全是人们从事生产生活最基本的需求，也是我们健康幸福最根本的保障。如果没有安全保障我们的生命，一切都将如同无源之水、无本之木，一切都无从谈起。

生存于 21 世纪的人们必须要意识到，当今世界，各种社会和利益矛盾凸显，恐怖主义势力、刑事犯罪抬头，自然灾害、人为事故频繁多发，重大疫情和意外伤害时有发生。据有关资料统计，全世界平均每天发生约 68.5 万起事故，造成约 2 200 人死亡。我国是世界上灾害事故多发国家之一，各种灾害事故导致的人员伤亡居高不下。2012 年 7 月 21 日，首都北京一场大雨就让 77 人不幸遇难；2012 年 8 月 26 日，包茂高速公路陕西省延安市境内，一辆卧铺客车与运送甲醇货运车辆追尾，导致客车起火，造成 36 人死亡，3 人受伤；2012 年 11 月 23 日，山西省晋中市寿阳县一家名为喜羊羊的火锅店发生液化气爆炸燃烧事故，造成 14 人死亡，47 人受伤……

灾难的无情和生命的脆弱再一次考问人们，当遇到自然灾害、紧急事故、社会安全事件等不幸降临在你我面前，尤其是在没有救护人员和专家在场的生死攸关的危难时刻，我们该怎样自救互救拯救生命，避免伤亡事故发生呢？

带着这些问题，中国环境出版社特邀了长期在抢险救援及教学科研第一线工作的多位专家学者，编写并出版了这套集家庭突发事件、出行突发事件、火灾险情、非法侵害、自然灾害、公共场所事故为主要内容的"避险与救助全攻略丛书"，丛书的出版发行旨在为广大关注安全、关爱生命的朋友们支招献策。使大家能在灾害事故一旦发生时能够机智有效地采取应对措施，让防灾避险、自救互救知识能在意外事故突然来临时成为守护生命的力量。

　　整套丛书从保障人们安全的民生权利入手，针对不同环境、不同场所、不同对象可能遇见的生命安全问题，以通俗简明、图文并茂的直接解说方式，教会每一个人在日常生活、学习、工作、出行和各种公共活动中，一旦突然遇到各种灾害事故时，能及时、正确、有效地紧急处置应对，为自己、家人和朋友构筑起一道抵御各种灾害事故危及生命安全的坚实防线，保护好自己和他人的生命安全。但愿这套丛书能为翻阅它的读者们，打开一扇通往平安路上的大门。

　　借此要特别说明的是：在编写这套丛书的过程中，我们从国内外学者的著作（包括网络文献资料）中汲取了很多营养，并直接或间接地引用了部分研究成果和图片资料，在此我们表示衷心的感谢！

　　祝愿读者们一生平安！

编委会

随着现代科学技术和人类精神文明与物质文明水平的不断提高，家庭突发事件应急救助在很多国家和地区得到迅速发展和普及。当家中突发紧急事件或意外伤害，在没有专家或救助人员到场的紧急时刻，应当如何保护自己及家人的生命安全，进行自救、互救？这是家庭生活中最需要的应急必备的知识，应受到全社会的重视。由于每一个人在日常生活和工作中，都有可能遇到各种危急事件，如给予及时的、正确的、有效的紧急救助则有利于使危急事件向好的方面转化。因此，多学习一些家庭急救常识和技术，能帮助大家应对生活中的各种危急事件。

本书从燃气及有毒气体泄漏，家庭火灾，触电事故，家庭意外中毒、创伤，心跳、呼吸骤停，异物进入人体，电梯事故等方面介绍了一些家庭中遇到事故的原因、危害并提出相应的急救对策及预防措施。目的是帮助群众自救，减少不必要的痛苦，使更多的人了解家庭遇险应急安全知识，更加积极主动地学习掌握自救技能，全面提高自身应对突发事件的能力。

本书由马建云担任主编。全书共分十章，具体编写分工如下：第一章、第二章、第三章、第四章由马建云编写；第五章、第七章、

第八章由刘彬编写；第六章、第九章、第十章由葛巍巍编写；漫画插图由陈镇绘制完成。

由于编写时间仓促，加之编者水平有限，不足之处望读者批评指正。

编　者

目录

第一章　燃气泄漏

燃气，是气体燃料的总称，它能燃烧而放出热量，供人们生产、生活中使用。燃气的种类很多，主要有天然气、管道煤气、液化石油气和沼气等。多年来，因燃气设施使用不当，燃气泄漏引发火灾爆炸、中毒的事故时有发生。因此，我们应该掌握一些处理燃气中毒的应急求助方法。

一、燃气泄漏的原因

（一）燃气器具的质量问题原因

（1）使用不合格的燃气设备，可能出现阀门漏气，燃烧不完全导致中毒等缺陷。

（2）胶管问题致使燃气泄漏。燃气胶管是连接燃气管道和燃气用具的专用耐油胶管，因燃气胶管老化或老鼠咬破而造成的燃气泄漏事故占所有燃气事故的30%以上。①胶管老化龟裂。胶管超过安全使用期限使胶管老化龟裂或尖硬物的穿刺及老化，使胶皮管产生裂缝气孔而造成燃气泄漏。②长时间使用燃气灶具，自然或人为使连接胶管的两端松动造成燃气泄漏。③老鼠咬坏燃气软管会导致燃气的泄漏。老鼠属于啮齿类动物，生有一对凿状无齿根的门齿，门齿不断地生长，因而需要经常不断啃咬硬物进行磨损。

（3）燃气管道长时间使用造成腐蚀或燃气表、阀门、接口损坏，导致燃气泄漏。

（二）用户使用不慎的原因

（1）使用燃气后不关阀门。

（2）点火失败（即未打着火）未察觉，致使未燃烧的燃气直接泄漏。

（3）燃烧着的燃气无人看管，发生沸汤，汤水把火浇灭。

（4）燃气燃烧时，突然来风把火吹灭，人不在场，造成燃气泄漏。

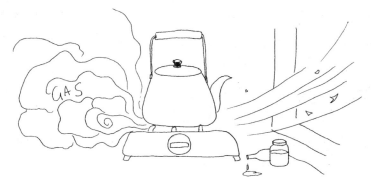

（5）灶具使用完毕，总阀门未关严，产生小漏，时间一长，浓度增大。

（6）在室内管道上拉绳或悬挂物品等人为的外力破坏，使管道接口松动，造成燃气从损坏或松动部位泄漏。

（7）使用燃气灶具过程中突然发生供气中断，而未及时关闭燃气阀门，致使恢复供气时管道燃气的泄漏。

（三）违章使用的原因

（1）燃气器具安装和使用不当或擅自改动迁移燃气设施等。

（2）使用不合格器件，如阀门、胶管、气瓶等，各接口久用失修，锈蚀严重，形成关闭不密封、胶管严重超长、老化爆裂等。

二、燃气泄漏后的危害

我国民用燃气主要有天然气、液化石油气、人工煤气，农村有的地方还使用沼气等，这些燃气均为可燃气体，其中有的是有毒气体。由于各种原因泄漏，会引发中毒事故，或当室内燃气浓度超过爆炸极限时，遇打火机、电器开关、静电等明火就都会发生爆炸，并引发火灾。

天然气——蕴藏在地层内的可燃性气体。主要是低分子量烷烃的混合物。有些含有氮、二氧化碳或硫化氢等。有些还含有少量的氦。一般是由有机物质经生物化学作用分解而成。或与石油共存于岩石的裂缝和孔隙中，或以溶解状态存在于地下水中，由钻井开采而得，用管道输送。

煤气——由煤、焦炭等固体燃料和重油等液体燃料经干馏或气化等过程所得气体产物的总称。由于煤气中含有剧毒的一氧化碳，健康人在含一氧化碳1%的空气中，10分钟则产生痉挛，半个小时就会死亡。

液化石油气——是常温下加压而液化的石油气，液化石油气来自炼厂气、湿性天然气或油田伴生气，主要成分有丙烷、丁烷等。液化石油气是一种易燃危险品，在空气中达到一定浓度时，遇明火即爆炸。

（一）引发爆炸

家用燃气均为可燃气体，一旦泄漏与空气混合达到一定浓度，遇火源即会发生爆炸，造成人身伤亡和财产损失，严重的还会殃及左邻右舍。

（二）引发中毒事故

燃气中毒事故主要是燃气中的一氧化碳、甲烷、硫化氢等导致的。天然气的主要成分是甲烷，有的有少量的硫化氢，一旦泄漏，也会导致甲烷或硫化氢中毒事故，当天然气在密闭的房间里燃烧，同其他所有燃料一样，它都需要大量氧气，消耗氧气过多时，室内的氧气会大量减少，使燃气燃烧不完全，产生有毒的一氧化碳。

1. 煤气中毒

煤气中毒即一氧化碳中毒，一氧化碳是剧毒物质。城区居民使用管道煤气，管道中一氧化碳浓度为25%～30%。一氧化碳是一种无色无味的气体，不易察觉。空气中一氧化碳含量如果达到0.05%

时，就可使人中毒。血液中血红蛋白与一氧化碳的结合能力比与氧的结合能力要强 200 多倍，而且，血红蛋白与一氧化碳的分离速度却很慢。所以，人一旦吸入一氧化碳，氧便失去了与血红蛋白结合的机会，人体血液不能及时供给全身组织器官充分的氧气，大脑是最需要氧气的器官之一，一旦断绝氧气供应，由于体内的氧气只够消耗 10 分钟，很快造成人的昏迷并危及生命，如救治不及时，可很快因呼吸抑制而死亡。

（1）轻度中毒。感觉头晕、头痛、眼花、耳鸣、恶心、呕吐、心慌、全身乏力，这时如能觉察到是煤气中毒，及时开窗通风，吸入新鲜空气，症状很快减轻、消失。

（2）中度中毒。除上述症状外，尚可出现多汗、烦躁、走路不稳、皮肤苍白、意识模糊、困倦乏力，如能及时识别，采取有效措施，基本可以治愈，很少留下后遗症。

（3）重度中毒。意外情况下，特别是在夜间睡眠中引起中毒，日上三竿才被发觉，此时多已神志不清，牙关紧闭，全身抽动，大小便失禁，面色口唇呈现樱红色，呼吸脉搏增快，血压上升，心律不齐，肺部有罗音，体温可能上升。极度危重者，持续深度昏迷，脉细弱，不规则呼吸，血压下降，也可出现高热40℃，此时生命垂危，死亡率高。即使有幸未死，遗留严重的后遗症如痴呆、瘫痪，丧失工作、生活能力。

2. 天然气中毒

天然气主要成分是甲烷，其本身不具备毒性，属"单纯窒息性"气体，少量吸入不会给人体造成伤害，但在空气中达到15%以上时，氧气含量少，仍会造成人员窒息中毒。天然气中毒，主要表现为类神经症，头晕、头痛、失眠、记忆力减退、恶心、乏力、食欲不振等。

3. 液化石油气中毒

液化石油气主要由丙烷、丙烯、丁烷、丁烯组成，这些碳氢化合物均有较强的麻醉作用。但因它们在血液中的溶解度很小，少量吸入液化气对人确实没有多大影响。例如，当空气中液化气浓度为1%时，即使吸上10分钟，也不会造成中毒。然而，随着泄漏的扩大，空气中液化气浓度的增大，对人的毒性也增强了。当浓度提高到10%时，人在这种环境中只要待上2分钟，就会感到头晕、难受。当吸入浓度再增高，从而使空气中氧气的含量降低时，会使人麻醉，造成窒息。例如，空气中含丙烯24%时，人在短短的3分钟内就会中毒，失去知觉。

另外，液化气燃烧需要大量空气进行助燃，当空气量不足时将会缺氧导致燃烧不完全产生剧毒物质一氧化碳，导致一氧化碳中毒。

三、燃气泄漏的急救措施

（一）燃气泄漏后应急措施

发现燃气泄漏后，最主要的是防止爆炸的危险，此时首先要杜绝一切火种。

（1）现场严禁烟火和使用任何电器或室内电话（如开灯、排风扇、抽油烟机、电视，打电话等），以免爆炸，给家庭和人员造成更大的灾难。

（2）立即打开门窗通风换气。

（3）迅速关闭气源总阀，查找煤气泄漏的原因，排除隐患。

燃气泄漏时，
立即打开门窗通风换气。

（4）如不能排除隐患，应到户外打抢修电话通知供气单位进行处理。

（5）如发现邻居家的燃气泄漏，应敲门通知，切勿使用门铃。

（6）如果事态严重，应立即撤离现场，拨打消防救援电话"119"或燃气公司的电话报警。

案例 1

2008 年 5 月 29 日，北京市朝阳区康家园小区一居民家中天然气泄漏，女主人打电话报警时，产生电火花，引起爆燃。经消防员将火扑灭后把严重烧伤的女主人抢救出来。据女主人回忆，当天晚上回到家中闻到浓重的燃气味，刚拿起电话准备报警就发生了爆炸。

（二）燃气中毒者的现场急救措施

（1）流通空气。当发现有人煤气中毒时，首先应打开门窗，迅速将中毒者抬离开中毒环境，让患者安静休息，避免活动后加重心、肺负担及增加氧的消耗量。

案例 **2**

2005 年 12 月，郑州市某小区一户居民因煤气阀门没拧紧，造成老两口煤气中毒，其子女发现后立即拨打"120"，却没把老人挪出中毒房屋。10 分钟后，救护人员赶到，一位老人刚停止呼吸。医护人员遗憾地说："如果子女懂得急救知识，把老人抬离充满煤气的房间，中毒就不会那样深，老人就有可能生还。"

（2）解除中毒者呼吸障碍。应解除中毒者衣扣，清除口中异物，保持呼吸道通畅，解开衣领、胸衣、松开裤带并注意保暖。

（3）电话求救。如果病人中毒情况较重，陷入昏迷，则应立即打"120"急救电话。

（4）正确安置中毒者。病人安置好后，中毒较严重的患者会处于昏迷状态，应适量灌服浓茶、汽水、咖啡等，不能让其入睡。注意保持中毒者体温，可用热水袋或摩擦的方法使其保持温暖。意识清醒者也可适量饮茶、汽水、咖啡。有条件的还可进行针刺治疗，取穴为太阳、列缺、人中、少商、十宣、合谷、涌泉、足三里等。轻、中度中毒者，针刺后可以逐渐苏醒。

（5）进行人工呼吸。对于失去知觉的中毒者，除采取上述措施外，必须在最短的时间内进行人工呼吸和心脏按压。待其恢复知觉后，应使其保持安静。有条件的在送医院途中，仍要坚持抢救。

心肺复苏

四、燃气泄漏的预防

（1）购买合格的燃气设备，并由专业人员安装燃气设备，并及时维护保养。连接燃气用具的胶管应使用专用燃气胶管，每2年更换一次，胶管两端应用管卡固定、防止脱落，胶管长度不宜超过1.5米。严禁使用过期、劣质胶管，不得穿墙使用，并请定期检查，发现老化、龟裂、烤焦、鼠虫齿咬痕迹，应立即更换。

案例 3

2002年9月6日上午7点，某市某用户因燃气灶接软管过长，坠在厨柜底部，被老鼠咬断，造成天然气泄漏。用户在使用燃气灶时引发燃气爆炸，一人被烧伤。

（2）不要擅自拆除、改装、移动、包装燃气设施，不要在燃气管道上搭挂重物、拴锁自行车、摩托车等物品，或做接地线使用。

案例 4

2003 年 1 月 19 日凌晨 1 点左右。某市发生一起因用户违规私自安装热水器，将硬质铝塑管直接插入燃气接头，由于铝塑管与燃气接头直径不一，形成环形缝隙，造成热水器燃气接头泄漏，引发燃气爆炸，造成一人烧伤，厨房、卫生间物品被严重损坏。

案例 5

某市一用户居住在三楼，违规将私自改装的燃气管道安装在墙壁内。由于私改的管道连接不符合技术要求，造成燃气泄漏。气体沿砂灰缝隙，孔洞、砖缝逸散至四楼墙壁电气开关盒内。凌晨 5 点 30 分，四楼住户起夜打开电气开关，产生的电火花引爆逸散在墙壁内的燃气发生爆炸，将三四楼半边房屋全部炸塌，三四楼正在睡觉的 5 人在睡梦中全部丧生。

（3）使用燃气设备时，保持室内通风良好。煲汤、水时请不要离人，以免汤水溢出熄灭火焰，造成泄漏。

（4）有条件的安装可燃气体探测器，可以在发生燃气泄漏时早期报警。

燃气报警器

（5）正确使用燃气设备，并经常检查室内管道及设备，如怀疑燃气泄漏，用鼻子闻，家用燃气中都加了一定的臭气，鼻子很容易就闻出来。或采用肥皂水，淋在每个接口及你怀疑可能漏气的地方，如果有气泡冒出就证明有漏气情况，切记不要用明火试漏。

（6）燃气热水器不可安装在浴室内，且必须安装排烟道。使用燃气热水器时，要开窗通风，保持室内空气流通，且不可长时间进行洗浴，以免引发中毒。

案例 6

2001 年春节，某县天燃气用户因天气寒冷，将通向室外的门窗紧闭，造成室内空气不流通。当时，母女俩在客厅烤火，看电视，其丈夫在浴室洗澡。燃气燃烧时所产生的废气和有毒气体（一氧化碳），无法及时排出室外，造成该用户一家三口一氧化碳中毒死亡。

案例 7

2008 年 4 月，北京市一小区楼房里发生一起严重的煤气中毒事故，住在该房间的 10 名女青年（20 ～ 25 岁）有 9 人因抢救无效死亡。10 名女青年住的 209 室是她们供职的公司的集体宿舍。事故的原因是：多人在相继洗澡过程中，较长时间使用室内燃气热水器，导致一氧化碳聚集，造成中毒。而 10 名青年居住的 209 室房间内无排烟道。虽然该居民楼使用的是天然气，其燃烧产物通常是水和二氧化碳，但天然气燃烧不充分将会产生一氧化碳有毒气体。

第二章 有毒气体泄漏

常见的有毒气体主要有一氧化碳、一氧化氮、硫化氢、二氧化硫、氯气、沼气等，有毒气体可以通过吸入、接触黏膜（眼睛）、接触伤口、刺激皮肤等途径使人员中毒。在有毒气体污染的空气中，人员在没有防护措施的情况下，如果不迅速远离有毒气体就会中毒。

案例 1

2006年10月12日，某县一家公司发生氨气超压泄漏事故，至少造成230人中毒住院，其中10人中毒较深。附近部分居民出现呼吸不适、恶心、流泪等症状。

一、有毒气体泄漏后的危害

有毒气体对人体的伤害主要是：刺激眼睛、流泪致盲；灼伤皮肤、溃疡糜烂；损伤呼吸道、胸闷窒息；麻痹神经、头晕昏迷；以及引起燃烧爆炸，导致物毁人亡。人们接触到泄漏的有毒气体，轻者有头痛、眩晕、怕光、结膜充血、咽喉疼痛、胸闷、恶心、呕吐、全身乏力等症状，重者会有心慌、全身青紫、高度兴奋、狂躁不安、抽风、昏迷等症状，甚至死亡。

二、有毒气体泄漏中毒的急救措施

（1）呼吸防护。在确认发生有毒气体泄漏或侵袭后，千万不能围观，应马上用手帕、餐巾纸、衣物等随手可及的物品捂住口鼻。身边如有水或饮料，最好把手帕、衣物等浸湿。最好能及时戴上防毒面具、防毒口罩。

（2）皮肤防护。有条件的尽可能戴上手套，穿上雨衣、雨鞋，或用床单、衣物遮住裸露的皮肤。

（3）眼睛防护。尽可能戴上各种防毒眼镜、防护镜或游泳用的护目镜或用有开口透明的塑料袋以保护眼睛。

（4）撤离。迅速判断泄漏点和风向，迎风或侧上风，朝着远离事故现场的方向迅速撤离。不要在低洼处滞留。撤离时，不要轻易打手机、划火柴或用打火机照明，防止引起有毒气体爆炸。

（5）冲洗。到达安全地点后要及时脱去被污染的衣物，用流动的水冲洗身体，特别是曾经裸露的部分。

（6）救治。撤离到安全地点后，如有人中毒应迅速拨打"120"急救电话，及早送医院救治。中毒人员在等待救援时应保持平静，避免剧烈运动，以免加重心肺负担致使病情恶化。

（7）来不及撤离时，应躲在结构较好的建筑物内，关闭门窗、通风机、空调，堵住明显的缝隙，尽可能躲在背风无门窗的地方，同时向外发出求救信号。

（8）撤离后不要轻易进入警戒区，等警戒解除后方可回去。

三、有毒气体泄漏中毒的预防

为了减少有毒气体中毒事故的发生，或在发生后把伤害和损失降到最低限度，生活中要注意以下几点。

（1）不要轻易进入一些久不使用、密闭不通风、有垃圾、陌生的环境，如地下室、地下井、化粪池、废弃的防空洞。

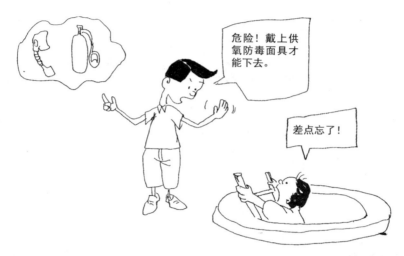

（2）进入密闭的环境时，例如地下室、地下井、久闭的房间等地方时，一定要先开窗，打开电风扇，充分通风后再进入。

（3）进入无法通风的环境，要先用动物如鸡、鸭做实验，或点燃蜡烛检验是否有氧气。山洞、粪池多有硫化氢、一氧化碳等有毒气体。

（4）在特殊环境下闻到异味（如臭鸡蛋味）时，应该立即停止进入。感到眩晕、恶心、虚弱等症状，往往是气体中毒的征兆，应该迅速往逆风方向躲避。

（5）新装修的房屋一定要长时间通风后才能入住。一些装修材料中含有大量甲醛、苯等有毒物质。

（6）在有害气体泄漏的环境下，如火灾、地震发生时，要尽量躲避在这种气体上风向的安全地带，向上风向或侧上风向转移，不要在有此气味的区域停留。在转移时要用湿毛巾掩住口鼻，特别要避免在低洼处停留。要切断电源、尽量避免接触火种，以防发生爆炸和火灾。

（7）进入可能存在硫化氢等有毒气体的作业场所或者封闭的狭窄空间（如腌菜池、鱼舱等）前，应先进行强制通风，并用检测报警设备或试纸测试一下现场空气，确认安全之后，才可在佩戴供氧式防毒面具、身系救护带的情况下进入，同时危险区外要有人监护。切忌在无防护情况下轻易进入现场实施操作和营救。

第三章 家庭火灾

随着城乡居民生活水平的不断提高，现代家庭陈设、装修日趋豪华，用电、用火、用气量不断增加，发生火灾的概率相应增大。居民家庭火灾，往往具有燃烧猛烈、火势蔓延迅速、烟雾弥漫、易造成人员伤亡等特点。居民家庭中，发生火灾后往往因为缺乏自救能力而易造成人员伤亡和严重的经济损失。因此，做好家庭灭火工作十分重要，每个公民都应了解家庭火灾急救常识。

一、家庭火灾的原因

在家里，引发火灾事故的原因多种多样，例如吸烟不慎、炊事用火、燃气泄漏、取暖用火、灯火照明、电气线路故障、电器设备使用不当、儿童玩火、燃放烟花、爆竹等这些都是常见的引发火灾的原因。

二、家庭火灾的扑救

（一）普通可燃物起火扑救

家里一般的可燃物起火，如卧具、沙发、木制品等起火，可直接用水来冷却扑灭；如果家里备有灭火器，应用灭火器直接对火焰进行喷射灭火。也可用湿棉被、湿衣服等覆盖在起火物上灭火。

（二）家电起火扑救

家用电气设备、电器发生火灾，要立即切断电源，然后用干粉灭火器、二氧化碳灭火器、1211灭火器等进行扑救，或用湿棉被、帆布等将火窒息。用水和泡沫扑救一定要在断电情况下进行，防止因水导电而造成触电伤亡事故。电视机起火，要特别注意从侧面靠近电视机，以防显像管爆炸伤人。

（三）油锅起火扑救

厨房着火，最常见的是油锅起火。起火时，要立即用锅盖盖住油锅，将火窒息，切不可用水扑救或用手去端锅，以防止造成热油瀑溅、灼烫伤人和扩大火势。

如没有锅盖，可将切好的蔬菜倒入锅内灭火。如果油火撒在灶

具或者地面上，可使用手提
式灭火器扑救，或用湿棉被、
湿毛毯等捂盖灭火。

（四）燃气起火扑救

家用液化石油气罐着火
时，灭火的关键是切断气源。
无论是罐的胶管还是角阀口
漏气起火，只要将角阀关闭，
火焰将会很快熄灭。如果阀口火焰较大，可以用湿毛巾、抹布等猛
力抽打火焰根部，均可以将火扑灭，然后关紧阀门。

如果阀门过热，可以用湿毛巾垫着关闭阀门。角阀失灵时，可
以将火焰扑灭后，先用湿毛巾、肥皂、黄泥等将漏气处堵住，把液
化气罐迅速搬到室外空旷处，让它泄掉余气，然后交有关部门处理。

但此时一定要做
好监护，杜绝火
源存在。将火扑
灭后，切记要堵
住漏气，否则气
体继续跑漏，遇
明火发生爆炸，
会造成更严重的
后果。

气罐起火不要急
湿被捂盖关阀门

三、家庭火灾的逃生常识

在家中突发火灾，如果掌握一定的火灾逃生常识和技能，在关键时刻就能救命。

（一）发生火灾后及时逃生并报警

家里发生火灾后如果火势不大要及时扑救，若发现火势较大，自己扑救困难时，应立即逃生，并到安全处拨打"119"火警电话报警。发生火灾时不要因顾及财物而错失逃生良机，逃离火场后不要为抢救财物再入"火口"。

1. 首先选择通过楼梯逃生

火灾逃生时通过楼梯逃生是首要选择，其他途径都是万不得已情况下的选择。逃生时先摸房门，如果门背、门把手没发热，门打开一条缝后没有热烟气冒入，就可以通过楼道、楼梯逃生。

2. 如无法逃生，等待救援

如果房门摸起来发热，表明楼道被浓烟和火焰封锁，无法通过楼梯逃生，就用毛巾等塞住门缝，躲在阳台、窗口等易被人发现并能躲避烟火的地方。白天可晃动鲜艳衣物或外抛软物品，夜间可用手电筒闪动，吹口哨或敲击东西发出求救信号等方式等待消防队员救援。千万不要钻到床底下、藏到衣橱或阁楼内躲避火焰和烟雾，这样既容易窒息中毒，又难以被发现和得到及时营救。

正确的待救方式

案例 1

　　1983 年 4 月 17 日，哈尔滨市道里区发生火灾，共烧毁 5 条街道，受灾 758 户，死亡 9 人，伤 14 人，惨不忍睹。然而尽管火势猛，仍有几户人家没有伤亡，而且连家具都保存下来。其中一住户在 6 层楼上，当发现大火袭来时，已无法逃生，于是他们一家马上把阳台上的可燃物全都搬进屋里，并紧闭门窗，拿出被子、衣物等用水浸湿后堵住门缝、窗缝，并不停地往上泼水。结果大火始终没有烧进这户人家，全家人连同家具一同躲过了这次劫难。

　　3. 在高层住宅里，千万不能乘座电梯逃生

　　电梯是火焰、烟雾蔓延的主要途径，乘电梯逃生，容易吸入烟气，造成窒息。另外，在火场中为了阻止火势的蔓延，人们经常会切断整个建筑的电源，并且供电梯使用的电缆也可能被火烧断，电梯一旦断电就等于断了逃生之路，所以逃生时不要乘电梯。

火灾逃生，不可乘座电梯，应从安全出口逃离

4. 逃生时防止烟气毒害

火灾燃烧时会散发大量烟雾和有毒气体，而且烟气比空气轻，一般在天花板以下沉积，在靠近地面以上的部位才有新鲜空气，所以，逃生时要注意在有烟雾的场所不能起立狂跑。

火场逃生时要注意防护，家里有消防过滤式自救呼吸器的，要佩戴消防过滤式自救呼吸器；没有的，用湿毛巾捂住口鼻，如一时找不到水时，可用饮料、尿液打湿衣物代替，家里如果配备灭火毯，就把它披在身上尽量降低身姿勇敢地冲出去。

安全出口

案例 2

2011 年 11 月 15 日，上海静安区高层大楼发生火灾后，几名建筑工人逃生时，当时身边找不到水，他们就用自己的尿打湿了衣服，捂住鼻子一口气冲下了楼而幸免于难。

案例 3

2004 年 3 月 24 日，重庆市璧山县环城路东南鞋跟厂突如其来的大火使一家三口被困家中，门外唯一的通道已被大火和烟雾封死，从楼道逃生的希望已破灭。此时家中没有水，儿子忽然记起学过的消防自救知识，灵机一动拿起枕头并撒尿浇湿，三人用被"湿"尿的枕头捂住的口鼻，然后等待救援。最终为自己赢得了时间，成功地等到消防队员从窗口把他们救下，保住了生命。

（二）身上着火时的救助

在火场中如果身上着火了，千万不可随便奔跑，因为奔跑时形成的风，会加大身上的火势；另外带着火乱跑，还会引起新的燃烧点。

（1）如果自己身上衣服着火，首先最要紧的是先将衣服脱掉或撕掉。

（2）如果衣服来不及脱或脱不掉，应按"站住、躺倒、打滚"3个动作要领就地灭火，打滚时用手蒙住脸部，以防烟气和热气吸入肺部。

身上着火的处理方法

（3）也可在别人的帮助下，用湿毯子、大棉衣等把身上捂盖起来，使火熄灭或用水浇灭。

（4）如果附近有水池或浅水塘，也可直接跳入水中灭火。

四、家庭火灾的预防

（1）正确使用各种家用电器，选择安全可靠的电源开关，出门前关闭电源。电器的电源插头在不用时要及时拔掉，防止来电后长时间通电使绝缘层被击穿发生短路而引起火灾。

（2）不要卧床吸烟、随手乱丢烟头和火柴梗，教育孩子不要玩火。

（3）白酒、纸张、窗帘等易燃、可燃物品应与火源保持足够的安全距离。家中不要储存过多的易燃物品，如汽油等。

（4）不要将可燃物堆放在用火频繁及易产生高温的地方，如灶台、取暖器附近防止可燃物表面温度达到着火点而起火。

（5）使用液化气、煤气、天然气时不要离家外出。用完后应关好开关避免气体泄漏。

第四章 触电事故

电，广泛应用于人类的生产和生活，现代的生活方式已离不开电。但是，直接接触电源时会对人体造成伤害，电压高时还会引起触电导致死亡。所以，人们在享受电给我们的生产、生活带来便利的同时，也应该掌握正确、规范的用电行为方式。

一、触电的原因

触电事故是指人体接触带电体，因电流造成损伤的事故。发生触电的原因很多，在普通家庭里，主要有以下几种。

1. 缺乏安全用电知识

由于不知道哪些地方带电，什么东西能传电，误用湿布、抹布泡或擦抹带电的家用电器，或随意摆弄灯头、开关、电线，一知半解玩弄电器等；安装、修理屋内电灯、电线时，似懂非懂、私拉乱接，造成触电。

2. 用电设备安装不合格

如果电风扇、电饭煲、洗衣机、电冰箱等没有将金属外壳接地，一旦漏电，人碰触设备的外壳，就会发生触电。有的家庭因为一时材料不全，将使用已经老化或破损的旧电线、旧开关，这种错误的做法，很容易引起人身触电。电灯安装的位置过低，碰撞打碎灯泡时，人手触及灯丝而引起触电。

3．用电设备没有及时检查修理

如果开关、插座、灯头等日久失修，外壳破裂、电线脱皮，家用电器或电动机受潮、塑料老化漏电等，也容易引起触电。

4．室外触碰电线触电

在室外误拾断落电线触电，同伴用手去拉触电者，造成多人受伤或死亡，称为群伤或群死。儿童在电线或电器附近追逐玩耍，误触电线电器而酿成大祸。

二、触电后的症状及危害

触电的主要症状是灼伤、强烈的肌肉痉挛等影响呼吸中枢及心脏，引起呼吸抑制或心搏骤停。触电对人体的伤害主要有两种。

（1）电击。指电流通过人体内部，影响呼吸、心脏和神经系统，造成人体内部组织功能紊乱及破坏，乃至死亡。

（2）电伤。指电流对人体外部的伤害，如电弧烧伤等。通常所说的触电基本上指电击，且绝大部分触电伤害事故都是由电击直接造成的。

三、触电后的急救

发现有人触电后要及时急救并立即拨打报警、急救电话。人触电后不一定立即死亡，会出现神经麻痹、呼吸中断、心脏停跳等症状，很多人因为惧怕触电者身上带电或者以为其已经死亡而没有实施急救，其实只是触电者陷入昏迷状态而已。只要现场抢救及时、方法得当，人是可以获救的。据统计资料显示，触电后 1 分钟救治触电者，90% 有良好效果；触电后 12 分钟开始救治，救活的可能性就很小了，所以及时急救至关重要。

（1）发现有人触电后，应立即切断电源，拉下电闸，或用不导电的竹、木棍将导电体与触电者分开。对高压设备上触电者，应立即通知有关部门来处理。在未切断电源或触电者未脱离电源时，切不可触摸触电者。

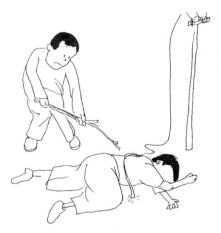

可用木棒、竹竿等绝缘物挑开电线。

案例 1

2003 年，云南某村一个 5 岁的男孩玩耍时用手抓住低压电线，立刻被电吸住。分别为 11 岁和 14 岁的两个小伙伴见状，忙上前拉住他，结果 3 人全部触电倒地。一名过路的男孩见状立即找来一根木棒把电线挑开，同时拨打"120"求助，3 个小孩这才脱离生命危险。

（2）触电者脱离电源后，伤势不重者可使其平卧，解开领扣和缚身的束带，严密观察并请医生前来诊治或将伤者送往医院。

（3）触电者伤势较重，已失去知觉，但还有心脏跳动和呼吸，应使触电者舒适、安静地平卧，周围不围人，使空气流通，解开他的衣服以利呼吸。如天气寒冷，要注意保暖，并速请医生诊治或送往医院。

（4）如果触电者伤势严重，呼吸停止或心脏跳动停止，或二者都已停止，应立即施行心肺复苏，进行拳击复苏或口对口的人工呼吸和心脏胸外挤压，直至触电者呼吸和心跳恢复为止。应当注意，急救要尽快地进行，不能只等医生的到来。在送往医院的途中，也不能中止急救。

（5）处理电击伤时，应注意触电者有无其他损伤。如触电后弹离电源或自高空跌下，常并发颅脑外伤、内脏破裂、四肢和骨盆骨折等。如有外伤、灼伤均需同时处理。

四、触电事故的预防

现代每个家庭中各种家用电器品种繁多，预防触电事故显得极为重要。居家成员要普及用电安全知识，全面了解预防触电的各项措施。

（1）加强对家人用电的管理和安全教育，要懂得安全用电常识，严禁触摸金属裸露部分，即使在低电压情况下也不能例外，养成良好的用电习惯。应定期检查用电器具是否意外带电，以防误触电。

（2）教育家人雷雨天不要站在高墙上、树木下、电杆旁或天线附近。教育儿童不要玩弄电线、灯头、开关、插座等电器设备，不在电器附近玩耍，不爬电杆或摇晃电杆拉线。

案例 2

某星期六，某小学六年级学生余某某与同学一起到一水塘边玩耍，余某某突然提出要上水塘边的电线杆上掏鸟窝，不顾其他同学的劝阻便开始徒手攀登电杆，爬至杆顶后触电，直到导线烧断，人才从电杆上掉下来，当场死亡。

（3）不要用潮湿的手脚去触及用电器具，如灯头、灯管等。不用湿布、湿纸擦拭电器，不能用湿手更换灯泡、灯管。

案例 3

　　2010 年 5 月，福建省某社区一间出租房内发生漏电事故，一名年轻女子在洗完澡，准备去关喷头的水阀时，手被水阀电了一下。一触电，她就放开了手中的喷头，但喷头却直接垂挂到她的身上，带电的金属外壳让她感觉浑身麻痹并不停颤抖。就在她意识即将模糊的危急关头，在客厅的男友闻声赶到，奋不顾身地冲上去，直接用手就抓起了喷头，但是却被带电的喷头电倒在地，昏迷不醒。女友得救了，男友却被送往医院后抢救无效死亡。

案例 4

　　某日，杨某发现卫生间内的灯泡坏了，没有拉开室内闸刀，便赤脚站在地面上更换灯泡，因手上有汗，造成触电身亡。

　　（4）家用电器、插头带电着火燃烧时，切忌用水或和泡沫灭火器灭火，应切断电源后再灭火，再用干粉或气体灭火器灭火，以免导电而造成人员触电。

电器着火，千万不能用水泼！

（5）使用各种电气设备时应严格遵守操作制度，不得将三眼插头擅自改为两眼插头，也不得直接将线头插入插座内用电。

（6）尽量不要带电工作，特别是在危险场所（如工作地很狭窄工作地周围有对电压在 250 伏以上的导体等）。如果必须带电工作时，应采取必要的安全措施（如站在橡胶毡上或穿绝缘橡胶靴，附近的其他导电体或接地处都应用橡胶布遮盖并需要有专人监护等）。

（7）在检修电路、安装灯泡时，要踏在具有绝缘性能的木椅上，最好能穿上胶鞋。电线破损、电线接头修补必须用绝缘胶布，不准用普通胶布。

（8）不能乱拉接电线，不要让电源插座过负荷工作。不能在通电的电线上晒衣物。

（9）不能靠近断线落地的高压线，不能接触断落的电线。应与电线落地点保持8米以上的安全距离。

案例 5

　　某日，胡老太太外出回家，发现自家的接户线断落在地面上，胡老太太用手去捡，手触碰到断线的带电部位，触电死亡。

（10）不能在高压线路附近放风筝、钓鱼、搭建帐篷和建房。

不要在高压线附近钓鱼。

案例 **6**

　　某日，李某某去钓鱼，在一鱼塘"高压危险禁止钓鱼"安全警示标志附近，竖起 6.3 米长的钓鱼竿，钓鱼竿触碰到上方 110 千伏线路，顿时浑身衣服着火，经医院抢救无效死亡。

5

第五章　家庭意外中毒

在各类家庭意外事故中，中毒是最常见的原因之一，因食物中毒、过量饮酒、农药残留、误服药物等原因导致的各种意外中毒事件防不胜防，随时威胁着我们的生命。因此，当突发一些中毒现象时，掌握一些应急措施和急救方法很有必要。

一、食物中毒的急救

食物中毒，是指食用了被细菌（如沙门氏菌、葡萄球菌、大肠杆菌、肉毒杆菌等）和它的毒素污染的食物，或是含有毒性化学物质的食品，或是食物本身含有自然毒素（如河豚、毒蘑菇、发芽的土豆等），而引起的急性中毒性疾病。食物中毒多发生在气温较高的夏秋季节，可以是个别发病也能是集体中毒（如发生在食堂或宴

会上）。

（一）食物中毒的原因

食物中毒的原因很多，根据病原物质的不同，主要可以分为以下几类。

1. 细菌性食物中毒

细菌性食物中毒是指人们摄入含有大量细菌或细菌毒素的食物而引起的中毒，是导致食物中毒的最主要、最常见的原因。据我国近 5 年食物中毒统计资料表明，细菌性食物中毒占食物中毒总数的 50% 左右。

引起细菌性食物中毒的食品，主要是动物性食物，如肉、鱼、奶和蛋类等；少数是植物性食物，如剩饭、糯米凉糕、面类发酵食品等。食物被细菌污染的主要途径有：

（1）禽畜在宰杀前就是病禽、病畜。

（2）刀具、砧板等用具不洁，生熟交叉而感染。

（3）卫生状况差，蚊蝇滋生。

（4）人员带菌污染食物。

并不是吃了细菌污染的食物，人就马上会发生食物中毒，只有当细菌污染了食物并在食物上大量繁殖达到可致病的数量或繁殖产生致病的毒素时，人吃了这种食物才会发生食物中毒。因此，发生食物中毒的一个主要原因就是贮存方式不当或在较高温度下存放较长时间，食品中的水分及营养条件使致病菌大量繁殖。如果食前彻底加热，杀死病原菌的话，也不会发生食物中毒。那么，细菌性食物中毒的另一个重要原因是食前未充分加热，未充分煮熟。

夏季是细菌性食物中毒的高发季节。一方面，由于较高的气温，各种细菌生长繁殖旺盛，食物中的细菌数量较多；另一方面，这一时期内人体的防御能力有所降低，易感性增高，加之人们贪凉，常食用未经充分加热的食物，因而常发生细菌性食物中毒。

2．真菌性食物中毒

真菌在谷物或其他食物中生长繁殖产生有毒的代谢产物，人和动物食入这种毒性物质发生的中毒，称为真菌性食物中毒。中毒发生主要是通过被真菌污染的食物，用一般的烹调方法加热处理并不能破坏食物中的真菌毒素。真菌生长繁殖及产生毒素需要一定的温度和湿度，因此中毒往往有比较明显的季节性和地区性。

3．动物性食物中毒

近些年来，我国发生的动物性食物中毒主要是河豚鱼中毒，其次是鱼胆中毒。动物性食物中毒主要有两种情况。

（1）将天然含有有毒成分的动物或动物的某一部分当做食物，

误食引起中毒反应，如食用河豚鱼引起的中毒。

河豚鱼中毒

（2）食用了在一定条件下产生大量有毒成分的动物性食物，如食用鲐鱼等也可引起中毒。

案例 1

2010 年 4 月 6 日，广东省江门市新会区崖南镇，一对 70 多岁的渔民夫妇，吃了 4 条河豚后出现中毒症状，好在及时送医院救治已暂无生命危险。该夫妇称，他们是渔民，常吃河豚，河豚的做法都是老辈人"手把手"传授的。在他们眼中，河豚是非常美味的食物。6 日当天，夫妇俩用 4 条河豚煲了一锅鱼汤，食用后 2 小时就出现嘴和手、脚麻痹症状，被送入崖南镇医院后转送新会区人民医院救治。

其实，吃河豚中毒几率达到 40%～50%，河豚毒素通常集中在内脏、卵子、皮肤、血液等部位，人一旦食用这些部位就会中毒。

4．植物性食物中毒

植物性食物中毒通常有 3 种情况。

（1）将天然含有有毒成分的植物或其加工制品当做食物，如桐油、大麻油等引起的食物中毒。

（2）在食物的加工过程中，把未破坏或除去有毒成分的植物当做食物食用，如木薯、苦杏仁等。

（3）在一定条件下，不当食用含大量有毒成分的植物性食物，如食用鲜黄花菜、发芽马铃薯、未腌制好的咸菜或未烧熟的扁豆等造成中毒。

最常见的植物性食物中毒为菜豆中毒、毒蘑菇中毒、木薯中毒；可引起死亡的有毒蘑菇、马铃薯、曼陀罗、银杏、苦杏仁、桐油等。

5．化学性食物中毒

化学性食物中毒主要包括：

（1）误食被有毒害的化学物质污染的食品。

（2）因添加了非食品级的或伪造的或禁止使用的食品添加剂、营养强化剂的食品以及超量使用食品添加剂而导致的食物中毒。

（3）食用了因贮藏等原因造成营养素发生化学变化的食品，如油脂酸败造成中毒。

案例 2

2012 年 5 月 18 日 12 点 30 分，租房居住在云南省西双版纳州勐海县打洛镇的 73 岁妇女陈某某，带着 5 个自家赵姓和韦姓孙子、孙女在家里吃午餐，所吃的菜为豆芽、番茄炒蛋、凉粉。进食 10 余分钟后，6 人相继发生腹痛、恶心、头昏、呕吐等症状，4 人发生昏迷，被邻居发现后迅速送到打洛镇中心卫生院抢救。4 名儿童经抢救无效，相继死亡，年龄最小的仅 2 岁，最大的 14 岁。当晚，2 名正在抢救的患者被送到州人民医院进行救治，病情有所缓解，但仍未完全脱离危险。州、县医学卫生专家对中毒原因、毒源、性质进行了深入细致的调查，初步诊断为急性化学性食物中毒。

（二）食物中毒的症状

食物中毒者最常见的症状是感觉肠胃不舒服、恶心，出现剧烈的呕吐、腹泻，同时伴有中上腹部疼痛等症状，共同进餐的人常常出现相同的症状，并具有以下特点。

（1）潜伏期短。一般在食入"有毒食物"几分钟到几小时后，共同进餐的人在短时间内几乎同时出现中毒症状，很快形成高峰呈爆发流行。

（2）中毒病人一般具有相似的临床症状，常常出现恶心、呕吐、腹痛、腹泻等。

（3）发病范围与食物分布呈一致性。绝大多数病人在近期同段时间内都食用过同种"有毒食物"，不食者不发病，停止食用该种食物后很快不再有新病例。

（4）人与人之间一般不传染，发病曲线呈骤升骤降的趋势，没有传染病流行时发病曲线的余波。

（5）有明显的季节性。夏秋季节多发生细菌性和有毒动植物食物中毒；冬春季节多发生肉毒中毒和亚硝酸盐中毒等。

（三）食物中毒的急救措施

食物中毒者常会因上吐下泻而出现脱水症状，如口干、眼窝下陷、皮肤弹性消失、肢体冰凉、脉搏细弱、血压降低等，严重可致休克。抢救食物中毒病人，时间十分宝贵。从时间上判断，化学性食物中毒和动物性、植物性食物中毒，自进食到发病是以分钟计算的；细菌性、真菌性食物中毒，自进食到发病是以小时计算的。因此，一旦发生食物中毒，千万不能惊慌失措，应冷静地分析发病原因，针对引起中毒的食物以及服用的时间长短，及时采取如下应急措施。

1. 催吐

如食物吃下去的时间在 1 ～ 2 小时内，可采取催吐的方法。取食盐20克，加开水200毫升，冷却后一次喝下。如不吐，可多喝几次，迅速促进呕吐。亦可用鲜生姜100克，捣碎取汁用200毫升温水冲服。如果吃下去的是变质的荤食品，则可服用"十滴水"来促进迅速呕吐。有的患者还可用筷子、手指或鹅毛等刺激咽喉，引发呕吐。

2．导泻

如果病人吃下食物时间超过 2 小时，且精神尚好，则可服用泻药，促使中毒食物尽快排出体外。一般用大黄 30 克，一次煎服，老年患者可选用元明粉 20 克，用开水冲服即可缓泻。老年体质较好者，也可采用番泻叶 15 克，一次煎服，或用开水冲服，亦能达到导泻的目的。

3．解毒

如果是吃了变质的鱼、虾、蟹等引起的食物中毒，可取食醋 100 毫升，加水 200 毫升，稀释后一次服下。此外，还可采用紫苏 30 克、生甘草 10 克一次煎服，若是误食了变质的饮料或防腐剂，最好的急救方法是用鲜牛奶或其他含蛋白质的饮料灌服。

4．特别注意

呕吐与腹泻是机体防御功能起作用的一种表现，它可排除一定数量的致病菌释放的肠毒素，故不应立即用止泻药如易蒙停等，特别对有高热、毒血症及黏液脓血便的病人应避免使用，以免加重中毒症状。

由于呕吐、腹泻造成体液的大量损失，会引起多种并发症状，直接威胁病人的生命。因此，应大量饮用清水，可以促进致病菌及其产生的肠毒素的排除，减轻中毒症状。

腹痛程度严重的病人可适量给予解痉剂，如颠茄合剂或颠茄片。

如无缓解迹象，甚至出现失水明显、四肢寒冷、腹痛腹泻加重、极度衰竭、面色苍白、大汗、意识模糊、说胡话或抽搐、以致休克，应立即送医院救治，否则会有生命危险。

（四）食物中毒的预防

变质食品、污染水源是食物中毒的主要传染源，不清洁的餐具、手和带菌苍蝇是主要传播途径。因此，预防食物中毒要把握好以下7个重点环节。

1. 食品采购关

购买肉菜瓜果，都要注意新鲜干净。要买经检验合格允许上市的"放心肉"、"放心菜"。

2. 食品保管关

暂时不吃的肉、菜，经及时加工后，放入冰箱，生熟食要分开容器存放。不食用超过保质期的食品。米面、干菜、水果等要妥善保存，严防发霉、腐烂、变质，防止老鼠、苍蝇、蟑螂等咬食污染。

3. 个人卫生关

要认真做到做饭前后、开饭前、大小便前后洗净双手。凡患有消化道、呼吸道传染病（如乙肝、痢疾、肺结核等及有皮肤病者）均暂不能做炊事工作。

勤
洗
手

4．烹调制作关

做饭菜一定要充分加热煮熟。做生熟食的刀、砧板、容器要分开，隔夜食品及豆类食品要加热煮熟，方可食用。买回的蔬菜要充分浸泡后，再反复清洗3遍以上，才能烹调食用。凡发现有腐烂、发霉、变质等可疑食品，均不能食用。

5．餐具消毒关

锅、碗、盆、碟、筷、勺等在用前要烫洗或煮沸消毒。要定期清洗消毒碗柜、冰箱、冰柜、微波炉等与餐具有关的容器。

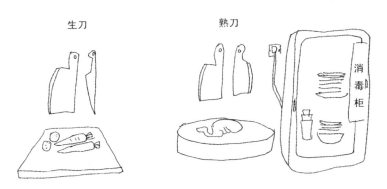

生刀　　　　　　　熟刀

6．进食用餐关

用餐者都要养成吃饭前后、大小便前后清洗双手的习惯。进餐时若发现有腐败变质，发霉有馊味或夹生食物，或有被苍蝇叮爬过的食品，均不可食用。

7．食后观察关

凡进食一天内突然出现恶心呕吐、腹痛、腹泻、头晕、发烧等症状，或在短期内进餐的多人发生相同症状，就应怀疑为食物中毒。

（五）常见易中毒食物

1．鲜木耳

常见问题：鲜木耳与市场上销售的干木耳不同，含有叫做"卟啉"的光感物质，如果被人体吸收，经阳光照射，能引起皮肤瘙痒、水肿，严重可致皮肤坏死。若水肿出现在咽喉黏膜，还能导致呼吸困难。

应对方法：新鲜木耳应晒干后再食用。暴晒过程会分解大部分"卟啉"。市面上销售的干木耳，也需经水浸泡，使可能残余的毒素溶于水中。

2．鲜海蜇

常见问题：新鲜海蜇皮体较厚，水分较多。研究发现，海蜇含有四氨络物、5-羟色胺及多肽类物质，有较强的组胺反应，引起"海蜇中毒"，出现腹泻、呕吐等症状。

应对方法：只有用食盐加明矾（俗称三矾）盐渍 3 次，使鲜海蜇脱水，才能将毒素排尽，方可食用。"三矾"海蜇呈浅红或浅黄色，厚薄均匀且有韧性，用力挤也挤不出水。

海蜇有时会附着一种叫"副溶血性弧菌"的细菌，对酸性环境比较敏感。因此凉拌海蜇时，应放在淡水里浸泡两天，食用前加工好，再用醋浸泡 5 分钟以上，就能消灭全部"弧菌"。这时候，就可以放心大胆地吃凉拌海蜇了。

3. 鲜黄花菜

常见问题：鲜黄花菜含有毒成分"秋水仙碱"，如果未经水焯、浸泡，且急火快炒后食用，可能导致头痛头晕、恶心呕吐、腹胀腹泻，甚至体温改变、四肢麻木。秋水仙碱在人体内氧化为氧化二秋水仙碱，0.5～4 小时会出现恶心、呕吐、腹痛、腹泻、头昏、头疼、口渴、喉干等症状。

应对方法：干制黄花菜无毒。想尝新鲜黄花菜的滋味，应去其条柄，开水焯过，然后用清水充分浸泡、冲洗，使"秋水仙碱"最大限度溶于水中。建议将新鲜黄花菜蒸熟后晒干，若需要食用，取一部分加水泡开，再进一步烹调。

如果出现中毒症状，不妨喝一些凉盐水、绿豆汤或葡萄糖溶液，以稀释毒素，加快排泄。症状较重者，立刻送医院救治。

4. 变质蔬菜

常见问题：在冬季，蔬菜，特别是绿叶蔬菜储存 1 天后，其含有的硝酸盐成分会逐渐增加。人吃了不新鲜的蔬菜，肠道会将硝酸

盐还原成亚硝酸盐。亚硝酸盐会使血液丧失携氧能力，导致头晕头痛、恶心腹胀、肢端青紫等，严重时还可能发生抽搐、四肢强直或屈曲，进而昏迷。

应对方法：如果病情严重，一定要送医院治疗。在轻微中毒的情况下，可食用富含维生素 C 或茶多酚等抗氧化物质的食品加以缓解。大蒜能阻断有毒物的合成，所以民间说大蒜可杀菌是有道理的。

需要提醒的是，蔬菜最好当天买当天吃完。将大白菜、青椒等长时间放在冰箱里，也是不可取的。

5. 变质生姜

常见问题：生姜应放在温暖、湿润的地方，存贮温度以 12 ~ 15℃为宜。如果存贮温度过高，会导致快速腐烂变质。变质生姜含毒性很强的物质"黄樟素"，一旦被人体吸收，即使数量很少，也可能引起肝细胞中毒变性。人们常说"烂姜不烂味"，这种观点是错误的。

6. 霉变甘蔗

常见问题：霉变的甘蔗"毒性十足"。霉变甘蔗的外观无正常光泽、质地变软，肉质变成浅黄或暗红、灰黑色，有时还可发现霉斑。如果闻到有酒味或霉酸味，则表明严重变质。霉变甘蔗产生的霉菌毒素 10 分钟～ 48 小时内可引起中枢神经系统受损，轻者出现头晕头痛、恶心呕吐、腹痛腹泻、视力障碍等。严重者可能抽搐、四肢僵直或屈曲，进而昏迷。

应对方法：观其色、闻其味之后，如果发现有变质，请一定不要食用。因为霉变甘蔗中含有神经毒素，而且目前还没有特效的解毒药。儿童的抵抗力较弱，要特别注意。

7. 长斑红薯

常见问题：红薯表面出现黑褐色斑块，表明受到黑斑病菌污染，产生的毒素有剧毒，不仅使红薯变硬、发苦，而且对人体肝脏影响很大。这种毒素，无论使用煮、蒸或烤的方法都不能使之破坏。因此，有黑斑病的红薯，不论生吃或熟吃，均可引起中毒。

8. 生豆浆

常见问题：未煮熟的豆浆含有皂素等物质，不仅难以消化，还会诱发恶心、呕吐、腹泻等症状。

应对方法：一定将豆浆彻底煮开再喝。当豆浆煮至 85 ～ 90℃时，皂素容易受热膨胀，产生大量泡沫，让人误以为已经煮熟。家庭自制豆浆或煮黄豆时，应在 100℃的条件下，加热约 10 分钟，才能放心饮用。

还需注意，别往豆浆里加红糖。否则红糖所含醋酸、乳酸等有机酸，与豆浆中的钙结合，产生醋酸钙、乳酸钙等块状物，不仅降低豆浆的营养价值，而且影响营养吸收。此外，豆浆中的嘌呤含量较高，痛风病人不宜饮用。

9. 生四季豆

常见问题：四季豆又名刀豆、芸豆、扁豆等，是人们普遍食用的蔬菜。生的四季豆中含皂甙，对人体消化道具有强烈的刺激性，可引起出血性炎症，并对红细胞有溶解作用。此外，豆粒中还含红细胞凝集素，具有红细胞凝集作用。如果烹调时加热不彻底，豆类的毒素成分未被破坏，食用后会引起中毒。

四季豆中毒的发病潜伏期为数十分钟至数小时，一般不超过5小时。主要有恶心、呕吐、腹痛、腹泻等胃肠炎症状，同时伴有头痛、头晕、出冷汗等神经系统症状。有时出现四肢麻木、胃烧灼感、心慌和背痛等。病程一般为数小时或1～2天，愈后良好。若中毒较深，则需送医院治疗。

应对方法：家庭预防四季豆中毒的方法非常简单，只要把全部四季豆煮熟焖透就可以了。每一锅的量不应超过锅容量的一半，用油炒过后，加适量的水，盖上锅盖焖10分钟左右，再用铲子不断地翻动四季豆，使它受热均匀，使四季豆外观失去原有的生绿色，吃起来没有豆腥味，就不会中毒。

另外，还要注意不买、不吃老四季豆，把四季豆两头和豆荚摘掉，因为这些部位含毒素较多。

10．青番茄

常见问题：青番茄含有与发芽土豆相同的有毒物质"龙葵碱"。人体吸收后会造成头晕恶心、流涎呕吐等症状，严重者发生抽搐，对生命威胁很大。

应对方法：关键要选择熟番茄。第一，外观要彻底红透，不带青斑。第二，熟番茄酸味正常，无涩味。第三，熟番茄蒂部自然脱落，外形平展。有时青番茄因存放时间长，外观虽然变红，但茄肉仍保持青色，此种番茄同样对人体有害，需仔细分辨。可看其根蒂，若采摘时为青番茄，蒂部常被强行拔下，皱缩不平。

11．毒蘑菇

常见问题：有毒的蘑菇有100多种，其大小、形状、颜色、花纹等各不相同。所以，没有经验的人很难鉴别哪些是有毒的，哪些是无毒的。毒蘑菇含有植物性的生物碱，毒性强烈，可损害肝、肾、心及神经系统，即使是微量被吸收到体内也是很危险的。进食后一般经1～2小时即出现中毒症状，如剧烈呕吐、腹泻并伴有腹痛、痉挛、流口水；突然发笑、进入兴奋状态、手指颤抖、有的出现幻觉。

应对方法：没有采蘑菇经验的大人和小孩，千万不要随便采野蘑菇吃，以防中毒的发生。若出现中毒症状，应立即采取催吐、送医院等急救措施。

案例 3

2012 年 4 月 10 日，一场春雨后，山里的蘑菇竞相破土而出，湖南省永州市祁阳县的林佳英携同丈夫一起进山采蘑菇，不一会儿就采了满满一大袋，当天晚上全家人都吃起了鲜美的蘑菇汤。饭后不久，林佳英夫妇突然感觉头晕目眩，恶心不已，儿子小伟也浑身无力，眼神渐渐失去了光泽。强忍着不适，一家人赶紧来到当地医院，经检查为食物中毒。3 天后，经治疗后渐渐恢复知觉的林佳英夫妇发现小伟还一直昏迷不醒，惊觉情况不对，于是将儿子急转到湖南省儿童医院 ICT 病房。经过血液净化治疗等一系列抢救，小伟病情仍无好转。"如果早点送过来，也许情况会好一点。"主治医生介绍，小伟的肝脏、大脑等多处器官均已严重受损，病情还在进一步加重，随时会有生命危险。

二、酒精中毒的急救

酒精中毒是指饮酒过量引起以神经精神症状为主的疾病，分为急性和慢性酒精中毒。血液中的大量酒精能够损害脑功能，严重者导致意识丧失，

极度过量则可使人死亡。急性酒精中毒是常见病、多发病，在节假日尤其在春节期间多见。而饮用了含有甲醇的工业酒精或用其勾兑成的"散装白酒"导致的中毒，也是酒精中毒的另一个主要原因。

案例 4

2011 年 12 月 31 日下午 5 点至 2012 年 1 月 1 日晚 6 点 30 分，北京"120"共接警 900 次，其中 63 起为饮酒过量（酒精中毒），占了所有中毒病例的 60%。急救中心提醒市民，节日聚会，饮酒能调节气氛，但是不能贪杯，也不能过分劝酒，特别是司机朋友，更要严格做到滴酒不沾。

（一）酒精中毒的原因

酒精又称乙醇，属微毒类，是中枢神经系统的抑制剂，作用于大脑皮层。饮酒后初始表现为兴奋，其后可抑制皮层下中枢和小脑活动，影响血管运动中枢并抑制呼吸中枢，严重者可致呼吸、循环衰竭。日常饮用的各类酒，都含有不同量的酒精，开怀畅饮，很可能酩酊大醉，发生急性酒精中毒。饮酒后，被吸收的酒精 90% 由肝脏分解，因此还可造成肝脏损害。会饮酒与不会饮酒（即酒量大小）的人，中毒量相差十分悬殊，中毒程度、症状也有很大的个体差异。一般而言，成人的酒精中毒量为75～80毫升/次，致死量为250～500毫升/次，幼儿25毫升/次亦有可能致死。

而甲醇的中毒量为5～10毫升，致死量为30毫升，工业酒精中甲醇含量为800～8 000毫克/升。少数不法分子为牟取私利，用含甲醇很高的工业酒精勾兑成假酒销售，因而饮用甲醇含量过高的假酒是近年来国内急性甲醇中毒事件屡有发生的主要原因。

案例 5

2004年5月11日，广州发生毒米酒事件，有6人确诊为甲醇中毒致死，住院治疗33人，其中确诊为甲醇中毒15人、疑似甲醇中毒18人。

（二）酒精中毒的症状

急性酒精中毒者发病前往往有明确的饮酒过程，呼气和呕吐物有酒精的气味。中毒的表现大致可分为3个阶段。

1.兴奋期

当血液中酒精的浓度达到0.05%时，出现微醉，眼睛发红（即

结膜充血），脸色潮红或苍白，感
到心情舒畅、妙语趣谈、诗兴发作，
但这时眼和手指的协调动作受到影
响。

轻度醉酒：
饮酒后，大脑外侧
开始麻痹。

2．共济失调期

当血液中酒精的浓度升至 0.1%
以上时，表现为举止轻浮、情绪不
稳、激惹易怒、不听劝阻、感觉迟钝、
步态蹒跚，这是急性酒精中毒的典
型表现；血液中酒精的浓度升到 0.2%
以上时，平时被抑制的欲望和潜藏
的积怨都发泄出来，表现为出言不
逊、借题发挥、行为粗暴、滋事肇祸。

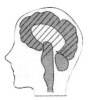

烂醉：
小脑麻痹后，就会
失去平衡感，走路
跌跌撞撞。

3．昏睡期

当血液中酒精的浓度达到 0.3%
以上时，表现为说话含糊不清、呕
吐狼藉、烂醉如泥；当血液中酒精

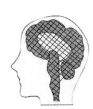

昏迷、死亡：
脑干麻痹后，会出
现昏迷，甚至呼吸
停止。

的浓度升至 0.4% 以上时，则出现全身麻痹、进入昏迷状态；当血
液中酒精的浓度升至 0.5% 以上时，可直接致死。

当然并不是每个醉酒者发展过程都会如此界限分明的一步一步
进行，症状的强度如何，还取决于个体对酒精的耐受性。

案例 6

2012 年 5 月 3 日，安徽省宣城市金沙镇金沙村某村民于当日赴浙江某地认亲时，在晚宴上饮酒过量，乘车返回至绩溪时因醉酒意外死亡。起因为华阳镇居民程某的女儿嫁至浙江某市，应男方邀请，5月3日，女方亲属驱车前往浙江认亲，亲家热情招待，席间觥筹交错，女方姑父何某（金沙镇村民）喝了不少酒。酒宴结束后，女方一行便乘中巴车回家，约晚11点到达绩溪县城。何某之妻张某叫丈夫下车时，发现丈夫已经没有了呼吸。于是立即将何某送往医院同时向警方报案，经过检查确定何某已经死亡。家属悲痛不已，原本的喜事变成了丧事。

甲醇对人体的毒作用是由甲醇本身及其代谢产物甲醛和甲酸引起的，主要特征是以中枢神经系统损伤、眼部损伤及代谢性酸中毒为主，一般于口服后 8～36 小时发病。中毒早期呈酒醉状态，出现头昏、头痛、乏力、视力模糊和失明。严重时意识模糊、昏迷等，并可出现脑水肿甚至死亡。

案例 7

2011年1月2日，湖北省南漳县武安镇邓家嘴村三组村民刘某盖起新房，他摆了十几桌酒席邀请了20多名亲友到新居吃饭，席中，装有燃料酒精的容器与装有散装白酒的容器不慎混淆，致使多人误饮了燃料酒精。

当日下午，一名王姓村民感觉身体不适，送入医院后随即死亡。但由于该村民患有癌症，其亲属并没有当成酒精中毒。此后，该村又有3名村民出现身体不适、视力模糊等症状，被送入医院治疗，但经抢救无效死亡。经调查后，确认为酒精中毒。

（三）酒精中毒的急救措施

对于酒精中毒的严重性，有大有小，也有可能危害生命安全。

（1）对轻度酒精中毒者，首先要制止他再继续饮酒；其次可找些梨、西瓜之类的水果给他解酒；或多喝水（温开水、淡盐水、糖水或蜂蜜水、绿豆汤等），

降低血液中酒精浓度，并加快排尿，使酒精迅速随尿排除。

（2）对重度酒精中毒者，应用筷子或勺把压舌根部，迅速催吐，然后安排卧床休息，注意保暖，还应避免呕吐物阻塞呼吸道；观察呼吸和脉搏的情况，如无特别，一觉醒来即可自行康复。如果卧床休息后，还有脉搏加快、呼吸减慢、皮肤湿冷、烦躁的现象，则应马上送医院救治。

（3）严重的酒精中毒，会出现烦躁、昏睡、脱水、抽搐、休克、呼吸微弱等症状，应当从速送医院急救，用血液透析或腹膜透析促使酒精排出体外。

（4）对于甲醇中毒，应立即采取催吐或洗胃，并及时送医院治疗。

（四）酒精中毒的预防

酒精中毒几乎可影响所有的器官系统，除神经系统外，最常见的还有肝硬化和心肌病，严重急性酒精中毒甚至危及生命，这都提醒人们要少饮酒，特别是患有溃疡病、高血压病、心脏病、肾脏病的最好不要饮酒。

（1）开展反对酗酒的宣传教育，创造替代条件，加强文娱体育活动。

（2）饮酒时做到"饮酒而不醉"的良好习惯，切勿以酒当药，以解烦愁、寂寞、沮丧和工作压力等。

（3）饮酒时不应打乱饮食规律，切不可"以酒当饭"，以免造成营养不良。

（4）不要贪图便宜，购买饮用来路不明的散装白酒，防止甲醇中毒。

（5）一旦成瘾，应迅速戒酒，对戒断综合征应细心照料，重者必须入院治疗。可应用抗饮酒药物，如戒酒硫和痢特灵以中止饮酒，对酒产生厌恶感；也可在饮酒时用阿扑吗啡皮下注射，造成厌恶性条件反射而戒酒。

三、农药残留中毒的急救

农药残留问题是随着农药大量生产和广泛使用而产生的。第二次世界大战以前，农业生产中使用的农药主要是含砷或含硫、铅、铜等的无机物，以及除虫菊酯、尼古丁等来自植物的有机物。第二次世界大战以后，人工合成有机农药开始广泛应用于农业生产。到目前为止，世界上化学农药年产量近200万吨，约有1 000多种人工合成化合物被用做杀虫剂、杀菌剂、杀藻剂、除虫剂、

落叶剂等农药。农药尤其是有机农药大量施用，造成了严重的农药污染问题，成为对人体健康的严重威胁。

（一）农药残留中毒的原因

目前使用的农药，有些在较短时间内可以通过生物降解成为无害物质，而包括 DDT 在内的有机氯类农药难以降解，是残留性强的农药，容易在植物机体内、在土壤中或在水中残存，并通过新陈代谢富集于植物体内和水生生物体中。

在家庭生活中，食用含有大量高毒、剧毒农药残留引起的食物会导致急性中毒事故。长期食用农药残留超标的农副产品，虽然不会导致急性中毒，但可能引起慢性中毒，导致疾病的发生，甚至影响到下一代。

（二）农药残留中毒的症状

由于不同农药的中毒作用机制不同，其中毒症状也有所不同，一般主要表现为头痛、头昏、全身不适、恶心呕吐、呼吸障碍、心搏骤停、

休克昏迷、痉挛、激动、烦躁不安、疼痛、肺水肿、脑水肿等。

（三）农药残留中毒的急救措施

农药残留中毒病情危重者来势凶猛，病情变化多，发展快，应予准确、及时的抢救与治疗。

（1）对神志清楚的中毒病人，应用筷子或手指刺激咽喉催吐。

（2）对昏迷的病人，应立即送医院由医务人员为其洗胃。

（3）病人呼吸、心跳停止时，应立即实施长时间的心肺复苏法抢救，待生命体征稳定后，再送医院治疗。

（四）农药残留中毒的预防

（1）清水浸泡洗涤法：主要用于叶类蔬菜，如菠菜、生菜、小白菜等。一般先用水冲洗掉表面污物，然后用清水浸泡，浸泡不少于 10 分钟。必要时可加入果蔬清洗剂，增加农药的溶出。如此清洗浸泡 2 ～ 3 次，基本上可清除绝大部分残留的农药成分。

（2）碱水浸泡清洗法：大多数有机磷杀虫剂在碱性环境下，可迅速分解，所以用碱水浸泡是去除蔬菜残留农药污染的有效方法之一。在 500 毫升清水中加入食用碱 5 ～ 10 克配制成碱水，将经初步冲洗后的蔬菜放入碱水中，根据菜量多少配足碱水，浸泡 5 ～ 10 分钟后用清水冲洗蔬菜，重复洗涤 3 次左右效果更好。

（3）加热烹饪法：氨基甲酸酯类杀虫剂随着温度的升高，分解会加快。所以对一些其他方法难以处理的蔬菜可通过加热去除部分残留农药。常用于芹菜、圆白菜、青椒、豆角等。先用清水将表面污物洗净，放入沸水中 2 ～ 5 分钟捞出，然后用清水冲洗 1 ～ 2 遍后置于锅中烹饪成菜肴。

（4）清洗去皮法：对于带皮的水果及蔬菜如黄瓜、胡萝卜、冬瓜、南瓜、茄子、西红柿等，可以用刀削去含有残留农药的外皮，只食用肉质部分，既可口又安全。

（5）储存保管法：农药在空气中随着时间的推移，能够缓慢地分解为对人体无害的物质。所以对一些易于保管的蔬菜，可以通过一定时间的存放，来减少农药残留量。对于不易腐烂的冬瓜、南瓜等。一般应存放 10 ～ 15 天以上。同时建议不要立即食用新采摘的未削皮的瓜果。

案例 8

2012 年 6 月 13 日，荆州市沙市区岑河镇新河村的褚仲明及妻子、儿子吃过晚餐（炒黄瓜、炒土豆，用电饭煲热过的中午剩饭）后 2 小时三人相继出现抽搐、口吐白沫、神志不清，反复发作 3 次，每次 5 分钟左右，其后神志转清，三人均无腹泻、腹痛症状，褚家父子病情较重，褚妻病情稍轻。14 日上午 8 点褚家父子二人到岑河镇洪山村卫生室就诊，被初步诊断为"食物中毒"，并进行了输液治疗，经过 2 天的一般治疗后，病情无明显好转，于 15 日下午转入岑河镇中心卫生院治疗，并于当日下午6点左右转到市第一医院肾内科住院治疗。16日上午，褚妻也转到市第一医院住院。16日上午，市卫生监督局接到报告后，赶赴医院及患者家中对此次"中毒事件"进行了调查。经过现场抽检调查和临床分析，中毒原因为"有机磷食物中毒"，是在砧板上切菜时蔬菜被有机磷农药污染所致。市第一医院对症治疗后，3人依次康复。

四、药物中毒的急救

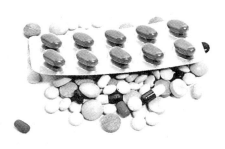

家庭中导致药物中毒的原因主要为误服或服药过量以及药物滥用，或者是有些自杀者服用了大量的镇静安眠药物等。

（一）引起中毒的常见药物

各国引起药物中毒的药物基本类似，如抗生素、磺胺类药、解热镇痛药、镇静催眠药等。以青霉素过敏反应为例，休克型最严重。美国901例严重青霉素反应中休克型占88%，死亡率9%。中国曾报道283例青霉素反应，其中78例为休克型，34例死亡。其他如氨基糖类抗生素所致的耳聋、氯霉素引起的再生障碍性贫血等。解热镇痛药引起的胃肠道出血以阿司匹林最为突出，服过阿司匹林1周胃出血明显者约80%，每日失血约3～10毫升。引起缺铁性贫血，小儿阿司匹林中毒多见。

案例 9

  2011 年 12 月开始，巴基斯坦东部城市拉合尔的旁遮普心脏病学研究所陆续向大约 4 万名心脏病患者免费发放了一批药物。服用这批药物以后，数百名患者出现不良反应，到 2012 年 1 月 28 日，已有 109 名心脏病患者死于因服用免费药物引起的不良反应，另有 450 名患者被紧急送到多家医院的重症监护室接受治疗。当地卫生部门紧急从患者那里回收此前免费发放的被污染药品。

（二）药物中毒的症状

  （1）苯巴比妥、异戊巴比妥、司可巴比妥中毒：病人初期兴奋、狂躁、惊厥，随后转为抑制、嗜睡、神志模糊、口齿不清、朦胧深睡以致深度昏迷。晚期四肢瘫软、反射消失、大小便失禁、瞳孔缩小、呼吸浅而轻以致呼吸衰竭。

  （2）水合氯醛中毒：病人有恶心、腹痛，重症有肝和肾功能损害、尿少、昏睡以致昏迷、呼吸浅慢、口唇紫绀、呼吸肌麻痹、反射消失、脉细弱、血压下降、心律失常甚至心跳骤停等。

  （3）甲喹酮中毒。病人有头昏、步态不稳、烦躁不安、谵妄等症状，也可出现呼吸抑制、肺水肿及昏迷。少数病人有出血倾向或脑水肿。

  （4）洋地黄中毒。洋地黄类药物主要用于治疗充血性心力衰竭，但其治疗剂量与中毒剂量十分接近，老年人耐量差，极易发生中毒。洋地黄中毒时，病人有头痛、头晕、眼花、黄视、厌食、恶心、呕吐、腹泻及各种心律异常如室性期前收缩、阵发性房性心动过速、房室传导阻滞等。

（5）阿托品、东莨菪碱中毒。病人先有皮肤和黏膜干燥、口渴、吞咽困难、面部潮红、瞳孔扩大、视力模糊、心动过速、尿潴留等副交感神经受抑制的症状。重症病人出现中枢兴奋症状：言语增多、幻觉、烦躁、谵妄、惊厥等，继之转为抑制、嗜睡和昏迷。

（6）水杨酸钠、阿司匹林中毒。病人可因药物对胃肠道的刺激腐蚀作用出现恶心、呕吐、胃痛，同时有眩晕、出汗、面色潮红、耳鸣、鼻出血、视力模糊和胃肠道出血，蛋白尿、酮尿、早期呼吸性碱中毒，继之代谢性酸中毒、脱水、失钾，重症者烦躁不安、脉速、抽搐、昏迷、呼吸和周围循环衰竭。

（三）药物中毒的急救措施

（1）准确辨认中毒药物：在病人尚有意识时，向其询问服用药物的种类。如果病人意识丧失，或服毒者为自杀，不能或不愿配合救助，可在中毒现场寻找盛装药物的容器，查看药物种类。

案例 10

　　2003年5月26日，四川省彭州市庆兴镇塔溪村小学学前班和幼儿园的7名学生（年龄最大的7岁，最小4岁），跑到学校附近的村医黄某开的医疗站，缠着黄某给一个空药瓶玩耍。由于没有多余的，黄某将一个装有过期冬眠灵的瓶子给了孩子们，叮嘱他们将药倒了再玩耍。

中午学生们吃过午饭，将药瓶拿了出来，尝了一下药片像糖一样甜甜的，好奇的孩子们竞相抢着吃药片，7岁的周小羽一口气吃了20片。上课时，一位罗姓老师发现这些孩子不约而同趴在桌子上呼呼大睡，很纳闷。刚要上前叫醒，却听见"咚"的一声，周小羽摔倒地上继续打呼噜。眼见事态不对，罗老师赶紧叫来学校领导，大家发现了地上的药瓶。随后，7个昏睡的孩子全被紧急送到镇卫生院，随即又转送至彭州市人民医院。经诊断查明，孩子们都是误食"冬眠灵"引发中毒。经过洗胃等抢救措施后，5名孩子中毒症状缓解，但服药过多的周小羽和陈叶情况不见好转，于28日上午8点左右送往省医院救治。

（2）尽快清除残留尚未被机体吸收的药物，以切断药物中毒来源，主要是催吐、洗胃、导泻、利尿等。如果病人神志清醒，并能配合时，作为家庭第一步抢救就是反复大量饮水催吐，减少药物的吸收。

（3）及时送往医院，并注意保持呼吸道通畅和保温。

（四）药物中毒的预防

（1）服用药物应该遵医嘱，不得滥用药物，不得私自乱吃药，尤其是不得随意将多种药物混合服用。

案例 11

　　2010年12月7日下午4点，河南省桐柏县大河镇石佛寺村56岁的邓某某像往常一样拿出1片半"地高辛片"（治疗心脏病药）放在桌子上，然后转身去厨房倒水，等她返回时，药却找不到了。直到下午5点左右，孙女小宇开始呕吐不止，邓某某才意识到，孙女可能误服了自己治心脏病的药。她赶紧叫回儿子，一家人将小宇送到桐柏县中医院救治。医院先后给小宇进行了洗胃、输液等治疗，但1个多小时后，因抢救无效死亡。

　　（2）妥善存放各类药物，不得相互混杂在一起存放。

　　（3）严格按照剂量服用药物，以免用药过量。

　　（4）药物要明确标示，购买药物后应存放于其包装盒内，防治误食药物。

　　（5）过期药物不能再服用，也不能随便丢弃。

案例 12

2010年7月中旬，四川省内江市发生一起群体预防性服药不良反应事件。内江市东兴区郭南乡麻湾村为预防疟疾进行预防性服药后，部分村民陆续发生不良反应。截至15日，内江市第一人民医院已收治133人，目前已出院28人，1名儿童死亡。

五、洗涤剂的中毒急救

随着日用化学用品日益增多并涌进了人们的家庭，各种清洁剂、消毒剂、洗涤剂以方便、实用、价格相宜而为人们所接受。但是，由于种种原因，如果保管不善与食物混放、出于好奇心或故意服食等，会造成洗涤剂中毒的危害。

选哪种呢？

案例 13

2009年2月17日，重庆市杨家坪的曹女士，在直港大道一酒楼办了17桌婚宴。因服务员工作失误，在送上的17瓶饮料里，有2瓶装的是洗涤剂，20余客人不慎误服，其中3名反应严重者被送往医院，包括一名儿童在儿童医院洗胃。原本应该高高兴兴当新娘的曹女士因为这件事心情大坏。

（一）洗涤剂中毒的原因

家庭中常见的有洗衣粉、餐具及蔬菜水果的洗涤剂、洗厕剂、草酸等洗涤剂。洗衣粉的主要成分为月桂醇硫酸盐、多聚磷酸钠及荧光剂；洗涤剂的主要成分为碳酸钠、多聚磷酸钠、硅酸钠和一些表面活性剂，具有较强的碱性；洗厕剂中，液体型的多用盐酸、硫酸配制，粉末型的其主要成分是氨基磺酸，易溶于水，也是强酸性；草酸也具有较强的酸性。这些洗涤剂一旦进入人体，对人体的胃部、肠道有较强的腐蚀和刺激作用，可造成化学性烧伤，导致人员中毒。

（二）洗涤剂中毒的症状

大量误食洗涤剂后，可引起腹泻、腹痛、吐血和便血，多伴有恶心及呕吐，并有口腔和咽喉疼痛，若出现口腔、咽部、胸骨后和腹部发生剧烈的灼热性疼痛，呕吐物中有大量褐色物以及黏膜碎片等，应警惕为强酸或强碱性洗涤剂中毒。

（三）洗涤剂中毒的急救措施

（1）误食洗衣粉后应尽快予以催吐，在催吐后可口服牛奶、鸡蛋清、豆浆、稠米汤，并立即将患者送医院救治。

（2）误食洗涤剂后应立即口服约200毫升牛奶或酸奶、果汁等，同时可内服少量的食用油，缓解对黏膜的刺激，并将患者送医院急救。一般来说，严禁催吐和洗胃。

（3）供洗涤卫生间用的洗厕剂、草酸极少发生误服，大多为故意服食，应马上口服牛奶、豆浆、蛋清和花生油等，并尽快送医院急救处理，切忌催吐、洗胃及灌肠。

（四）洗涤剂中毒的预防

（1）根据需要选择适当的洗涤剂，尽量选择中性洗涤剂，避免使用强酸、强碱等强腐蚀性、强刺激性的洗涤剂。

放到孩子拿不到的地方！

（2）不得超量使用，不得随意混合使用，不得超期使用。

（3）洗涤剂应与其他食用性液体分开存放，要注意放在小孩不能随意拿到的地方，并保持包装完整，标示明显。

案例 14

2008 年 8 月 30 日早晨，家住哈尔滨市道里区的 14 岁男孩曲曲跑完步回家后十分口渴，便到厨房拿起一瓶矿泉水仰脖喝下一大口。没想到喝到嘴里的"矿泉水"十分黏稠，还有股香味。曲曲立刻将没全喝下的液体吐了出来，看到嘴里还吹出了五彩的泡泡。原来，曲曲的妈妈为了使用方便，将大桶的洗涤剂分瓶装进了矿泉水瓶中。妈妈急忙带曲曲到哈尔滨市红十字中心医院就诊，医生为其做了处理。

6

第六章　家庭意外创伤

　　家庭意外创伤也叫家庭意外事故，是指家庭内突发的意想不到的原因对人体造成的伤害。比如割伤、烫伤、摔伤等，其中伤员主要为 0 ～ 6 岁的学龄前儿童。当意外发生时，很多家人往往惊慌失措，有的甚至选择了错误的救治方法，不但增加了伤员的痛苦，甚至加重了病情。所以，对于家庭来说，掌握一些常见意外伤害的急救方法是非常有必要的。

一、意外切割伤的急救

（一）意外切割伤的常见原因

　　家人尤其是活泼、好奇的儿童在探险过程中或工具、玩具使用不当时，往往会造成轻微割伤或擦伤。

案例 1

　　由于果汁易拉罐拉环使用不当，王先生的小孩用力过猛，拉环片尖锐割伤手指，造成了小手指大量出血，家人对其进行简单包扎后，送往医院后进行处理。

（二）意外切割伤的危害

受针刺、碎玻璃划伤或小刀割伤，会伤及皮下组织，严重的还可能会伤及神经和肌腱及较大的血管，并造成大量出血。成人的血液约占其体重的 8%，失血总量达到总血量的 20% 以上时，伤员出现脸色苍白，冷汗淋漓，手脚发凉，呼吸急促，心慌气短等症状，脉搏快而细，血压下降，继而出现出血性休克。当出血量达到总血量的 40% 时，就有生命危险。按照损伤血管不同，可分为动脉出血、静脉出血和毛细管出血，其中动脉出血最为危险，必须及时止血。

案例 2

赵某在搬运装马桶的编织袋过程中，由于编织袋不结实，导致陶瓷马桶脱落，沈某摔倒被陶瓷碎片割断右手手腕动脉，当即血流如注，随即被送往医院治疗，被诊断为右腕外伤、失血性休克。

（三）意外切割伤的急救措施

（1）轻微的割伤或擦伤：如果没有流血时，可用清水及肥皂将患处清洗干净，再用清洁的干布或纱布抹干患处，然后涂上消毒药水即可。

（2）细小、不易察觉的伤口：有时被割伤的部分，表面伤口可能很细，如被碎玻璃，生锈铁片刺伤，很难用肉眼检查伤口内是否仍残留碎片，因此不可用手按压伤口，应该带家人看外科医生，并注射预防破伤风加强针剂。

（3）严重割伤：如在手臂，要立即取下手表、手链等佩戴物，然后抬起手臂，使其高于心脏，然后直接压迫伤口；如在腿上，除压迫伤口外，还要压迫大腿上部的动脉。通知医生或就近送往医院，千万慎用止血带，因为止血带会切断受伤部位所有血液供应，从而可能导致永久性损伤。

（4）指压止血法：如果是四肢大血管或动脉损伤，出血量比较多，可使用指压止血法进行快速止血，其具体方法是以手指压迫伤口近心侧的动脉干，使动脉血流受阻而达到止血，根据出血部位选择指压的位置。

① 头顶出血压迫法：在伤侧耳前，对准下额关节上方，用拇指压迫颞浅动脉。

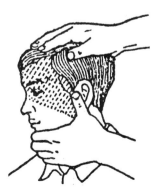

② 面部出血压迫法：用拇指压迫下颌角处的面动脉。

　　③ 头颈部出血压迫法：用拇指将伤侧的颈总动脉向后压迫，但不能同时压迫两侧的颈总动脉，否则会造成脑少血坏死。

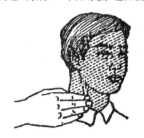

　　④ 腋窝和肩部出血压迫法：在锁骨上窝对准第一肋骨用拇指向下压迫锁骨下动脉。

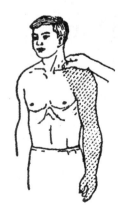

⑤ 上、前臂出血压迫法：一只手将患肢抬高，另一只手用拇指压迫上臂内侧的肱动脉。

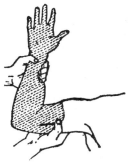

⑥ 手掌出血压迫法：用两手指分别压迫腕部的尺动脉、桡动脉。

⑦ 下肢出血压迫法：用两手拇指重叠向后用力压迫腹股沟中点稍下方的股动脉。

⑧ 足部出血压迫法：用两手拇指分别压迫足背母长肌腱外侧的足背动脉和内踝与跟腱之间的胫后动脉。

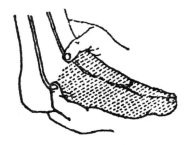

⑨ 手指出血压迫法：在手指近节根部两侧用拇、食指相对夹住指间动脉。

如果单纯指压止血法不能达到很好地止血效果，这时候需要用止血带止血。用止血带前先将患肢抬高 2 分钟，使血液尽量回流，然后在扎上止血带的局部裹上垫布，止血带缠绕于垫布上，适度扎紧，至出血停止。

（5）创伤断肢的处理：若遇到手指或脚趾全部切断，则应马上用止血带扎紧断指的手或断趾的脚，也可用手指压迫残端两侧，以达到止血的目的；然后用无菌纱布或清洁棉布包扎断端；断离的手指、脚趾应用消毒过的纱布（或干净纱布）包好，放进无漏洞的塑料或橡皮口袋中，紧扎袋口，周围再敷以冰块冷冻，及时地送到医院，尽量为断肢再植成功创造条件。

在处理断肢时，千万不能因为断肢弄脏了，就冲洗干净再送到医院来，更不要在断肢上面涂擦消毒液或把断肢浸夜酒精或其他消毒液中，这样做使组织细胞凝固、变质，失去再植的机会。

案例 3

李某在家里做饭，结果不小心在切菜时将自己的无名指切断了一小段。李某很冷静，先将自己流血的断指止血、包扎，再找了块干净的布将切断的一小段手指包起来，在送医时一起带到医院。因为处置得当，她的断指成功再植。

（四）意外切割伤的预防

（1）危险物品（如锋利的小刀）和易碎品（如玻璃器皿）要放在婴幼儿拿不到的地方。

（2）给较大儿童示范如何正确使用小刀和剪刀。

（3）为孩子挑选玩具时，要注意玩具的边角是否锐利，并告知儿童哪些东西不能玩、不能碰，认识它们是工具而非玩具。

案例 4

从美国消费品安全委员会发布消息获知，一款中国产的玩具直升飞机，由于存在割伤儿童的危险，被召回。本次召回的玩具直升飞机，是通过手动螺旋启动装置发动，当直升机运转时，塑料桨叶会脱落，引起割伤危险，目前，已收到2起割伤伤害事故报告。

（4）告诫儿童手拿易碎或尖锐的物品如钢笔、铅笔和剪刀时绝对不要奔跑。

（5）当玻璃、瓶子、碗等打碎，如果孩子太小，应将他们抱离后再清扫。

快把孩子抱一边去。

二、意外烧烫伤的急救

（一）意外烧烫伤的常见原因

烧烫伤是由高温液体（沸水、热油）、高温固体（烧热的金属等）或高温蒸汽等所致损伤，是在家中发生比例最高的伤害，其中大多数伤者为儿童。儿童烧烫伤的常见原因有以下几种：①孩子不小心碰倒热水壶、热水杯；②洗澡前，家长先放热水，在取冷水时，孩子自己坐入盆中或碰翻了热水盆；③刚烧好的饭菜放在桌上，孩子用手扒翻，一般为前胸部、头面部烫伤；④电熨斗用完后，未放到安全处，孩子觉得好玩，用手去碰，结果造成手部的烫伤；⑤用手去挠电源插座导致电击伤。

案例 5

> 张奶奶打算给孙子洗澡，先在澡盆里倒入开水，还没有来得及兑凉水，却突然听到电话铃响。张奶奶接听电话时，以为孙子还在房里玩耍，谁知孩子掉进了盛满开水的澡盆里，造成严重烫伤。

（二）意外烧烫伤的危害

烧伤的损害不仅限于皮肤，也可深达肌肉和骨骼，烧伤时可见血液中的乳酸量增加，动静脉血的 pH 值降低，随着组织毛细血管功能障碍的加重，缺氧血症也加重，不仅伤及皮肤或相邻组织，还影响全身重要内脏器官，引起剧烈病理生理变化，尤其是大面积烧伤常并发严重休克及感染，死亡率很高，临床经验证明，烧伤达全身表面积 1/3 以上时则可能有生命危险。

案例 6

> 星期日早晨，小李在街上买了一只大猪蹄，洗刷干净后放入高压锅内炖煮。锅的气阀报鸣后，妻子关掉了煤气炉。不一会儿，贪吃的小李打开了锅盖，只听嘭的一声，锅里一股滚烫的蒸汽直喷小李脸部，小李痛得大叫起来。妻子眼看着小李的脸越来越红、越来越肿，还起了一些水疱，随后妻子在邻居的帮助下，立即进行冲洗，并立即送到医院进行救治，由于处理得当，4 天以后小李的烫伤便已愈合。

（三）意外烧烫伤的急救措施

（1）日常生活中的烧伤，要是只有一两个巴掌大的轻微烧烫伤，可采取冲→脱→泡→盖的处理程序进行处置。

① 冲。将伤处冲水或浸于水中，如无法浸水，可用冰湿的布，敷于伤处，直到不痛为止（10 ～ 15 分钟）。

② 脱。如果穿着衣服或鞋袜部位被烫伤，千万不要急于脱去被烫部位的衣物，否则会使表皮随同衣物一起脱落，这样不但痛苦，而且容易感染，迁延病程。最好的方法就是马上用食醋（食醋有收敛、散疼、消肿、杀菌、止痛作用）用冷水隔着衣物浇到伤处及周围，然后用剪刀小心剪开，这样可以防止揭掉表皮，发生水肿和感染，同时又能止痛。

③ 泡。将患处浸泡水中（若有发生颤抖现象，要立刻停止泡水）。

④ 盖。用干净纱布轻轻盖住烧烫伤部位，如果皮肤起水泡，不要任意刺破。

应当注意，在烧烫伤后要立即进行冷水冲洗，如过了 5 分钟后才进行冷水冲洗，则只能起止痛作用，不能保证不起水泡，因为这 5 分钟内烧烫伤的余热还继续损伤皮肤。

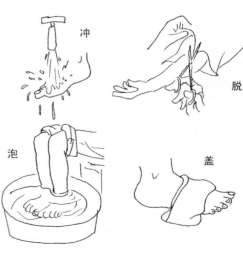

（2）如果已经形成大水泡，注意不能刺破，保护其表皮不要脱落。可外涂茶油、麻油、菜油或烧伤膏，用薄层纱布保护。如果烧伤的水泡溃破，可用1%的食盐水煮沸后晾到室温时用来冲洗伤口，或到医院换药，并在医生指导下服用抗菌药物。

（3）若为大面积烧伤，应该用干净床单或被单覆盖，急速送医院治疗。如离医院较远，中途病人口渴要饮水时，宜给他饮淡盐水，不宜饮清水，以减少不必要的并发症。

（4）注意事项：烫伤后不要轻信偏方。不少人在烫伤后，都采用在创伤面上抹牙膏、酱油、食醋、米酒加黄糖、蛋清、芦荟汁等偏方进行治疗，这会给医生判断创面情况带来困难，而且会加重创面感染的可能，甚至留下疤痕。

案例 7

　　8岁的青青独自在家倒水时被烫伤双脚。奶奶回家后，立即将牙膏涂在伤口上。晚上，青青双脚更疼。经医院检查为Ⅱ度烫伤，部分表皮有破溃。涂在伤口上的牙膏已结成一层硬块，并伴有干裂，不仅增加创面清洗难度，也加重了疼痛。虽然有些牙膏具有收敛作用，对较轻烫伤有一些作用，但牙膏并不能改变血管的通透性，也不能保护伤口。相反，牙膏很容易使渗出液积聚，滋生细菌，发生感染。

（四）意外烧烫伤的预防

在家庭生活中，最常见的是被热水、热油等烫伤，为了避免此类意外烧烫伤，家长应做好下列防护措施。

（1）热水瓶、烧水壶、热水杯、汤锅、粥锅、火锅等都是危险的热源，这些都应当放到孩子够不到的地方。热汤、热水或是刚泡好的热茶、咖啡，都不要放在桌子边。

（2）家长在炒菜、煎炸食品时，儿童不要在周围玩耍，以防被溅出的热油烫伤，锅的把手要朝向侧后方，不要露出炉子外；年龄较大的同学在学习做菜时，注意力要集中，不要把水滴到热油中，否则热油遇水会飞溅起来，把人烫伤。

（3）油是易燃的，在高温下会燃烧，做菜时要防止油温过高而起火。万一锅中的油起火，千万不要惊慌失措，应该尽快用锅盖盖在锅上，并且将油锅迅速从炉火上移开或者熄灭炉火。

（4） 放洗澡水时要先放冷水再放热水，大人要先试水温，再放幼儿入水；对热水龙头应采取一定的措施，以免幼童自己打开热水龙头烫伤；不可单独放置幼儿在浴室。

案例 8

> 男孩强强，3 岁半，父母想为孩子洗澡，先把热水放进澡盆后，强强突然一脚迈进澡盆里，导致脚部被中度烫伤，住院10 天方痊愈。

（5） 家里的电熨斗、电暖器等发热的器具会使人烫伤，应让孩子事先了解其危险性不要随便去触摸，并随时注意其行动；注意这些电器电线的位置，以免孩子拉扯或被绊住时带翻电热器。

（6） 家中的打火机、火柴等应放置于高处；硫酸、盐酸、杀虫剂、强力胶等物品，也要放在幼童拿不到的地方；家中不要堆放油漆、汽油等易燃物。

三、意外摔伤的急救

（一）意外摔伤的常见原因

发生摔伤的原因很多，有天气的原因：如雨雪天气、泥泞路滑等；有环境的因素：如从事户外活动踏青探险时，山路崎岖、崖谷险境等；有时间的原因：如夜间照明不良；还有突发意外事故造成的慌不择路、人群拥挤摔倒以及施工现场不慎从高处坠落等。据权威机构统计，儿童及老年人发生摔伤的情况位居意外伤害的第一位。

（二）意外摔伤的危害

意外摔伤，轻则皮破流血；重者骨折，或伤及内脏。尤其是大部分老年人都有骨质疏松症，骨质酥脆，即便是被小小的地毯边拌倒，都有可能造成手腕、髋骨或者脊柱损伤。

案例 9

2001 年，北京市丰台区马家堡某小区。3 岁的小女孩思思一边走一边喝着饮料下楼。一不留神，小家伙一脚踩空，从又高又陡的楼梯上滚落下来，手中的饮料瓶随即被摔碎。那些玻璃碎片像一把把锋利的小刀，割破了思思娇嫩的肩部，小女孩的肩头顷刻间血流如注。小思思这一不留神，仅仅下了个楼梯便付出了缝合 6 针的血的代价。

（三）意外摔伤的急救措施

1．轻微磕伤、扭伤急救措施

如果摔倒后皮肤发生了轻微的磕伤或者关节扭伤，青肿但无破损，最好全方位运动关节，以确定是否扭伤。但不要过分剧烈摆动伤处，否则很可能会导致永久性损伤。用冰块冷敷伤处 15 ～ 20 分钟，每天敷 3 ～ 4 次，3 天后就可以用热毛巾湿敷了，热敷之前，先把热毛巾贴在自己的手背上试试烫不烫，每次 15 ～ 20 分钟，每天敷 3 ～ 4 次，这样青肿很快会被吸收。如果感觉疼痛千万别勉强自己走，最好找别人搀扶或者以车代步，避免疼痛和加重伤势。必要时到医院进行 X 射线检查排除骨折。

摔伤、扭伤后不可盲目按摩。有的人摔骨折了但并不自知，一旦揉了还可能使骨折错位。如果排除了骨折，而且不会对膏药过敏，贴消炎止痛的膏药、抹红花油都是可取的，但抹红花油时不宜太用力，否则容易加重伤势。

2．四肢骨折的急救措施

摔伤易发生骨折，尤以四肢骨折多见。骨折后，除了骨骼的断裂，附近的软组织也会受影响，导致肿胀及出血，断骨的尖端也能伤害周围的肌肉、神经、血管及内脏。

当遇有骨折或疑为骨折伤者时，应保持冷静，尽量减少对伤者的搬动，迅速对伤者进行固定，以防止骨折断端活动引起的新损伤，减轻疼痛，预防休克。同时，还应尽快呼叫急救人员，以便他们在最短时间内赶到现场处理伤者。

（1）前臂骨折的固定方法：有夹板时，可把两块夹板分别置放在前臂的掌侧和背侧，可在伤者患侧掌心放一团棉花，让伤者握住掌侧夹板的一端，使腕关节稍向背屈，然后固定，再用三角中将前臂悬挂于胸前。无夹板时，可将伤侧前臂屈曲，手端略高，用三角巾悬挂于胸前，再用一条三角巾将伤臂固定于胸前。

前臂骨折的固定方法

（2）上臂骨折的固定方法：有夹板时，可将伤肢屈曲贴在胸前，在伤臂外侧放一块夹板，垫好后用两条布带将骨折上下两端固定并吊于胸前，然后用三角巾（或布带）将上臂固定在胸部。无夹板时，可将上臂自然下垂用三角巾固定在胸侧，用另一条三角巾将前臂挂在胸前。

上臂骨折的固定方法

（3）小腿骨折的固定方法：有夹板时，将夹板置于小腿外侧，其长度应从大腿中段到脚跟，在膝、踝关节垫好后用绷带分段固定。无夹板时，可将两下肢并列对齐，在膝、踝部垫好后用绷带分段将两腿固定。

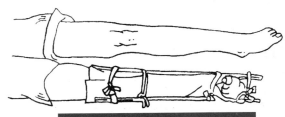

小腿骨折夹板固定法

（4）大腿骨折的固定方法： 将夹板置于伤肢外侧，其长度应从腋下至脚跟，两下肢并列对齐，垫好膝、踝关节后用绷带分段固定。无夹板时亦可用健肢固定法。

大腿骨折夹板固定法

（5）固定注意事项。松紧度要合适，太松起不到固定作用，太紧会导致手指或足趾发凉，局部皮色青紫，影响局部血液循环。因此，在完成包扎、固定后应立即检查伤肢末端的感觉，动脉搏动、指（趾）甲的血液循环情况。检查受伤一侧手指的感觉、活动和血液循环。

3．颈椎骨折的急救措施

脊椎包括颈椎、胸椎、腰椎等，其结构组成与四肢骨不同。脊椎受伤最大的危险是可能伤及脊髓神经。脊髓如果受伤，受伤部位以下的肢体可能瘫痪。要注意，这种骨折只要动一动就可能致命，除非伤者身处险境或不省人事，否则，切勿将其移动，应采用以下方法进行急救。

（1）判断是否为脊椎骨折。脊椎骨折病人一般具有以下症状：头部及四肢不能活动，张口困难；脊柱扭曲或出现凹陷，有触痛；刺痛、麻痹或失去知觉；活动能力减退或消失，肢体不能活动自如；呼吸困难甚至休克。

（2）如判定为脊椎骨折病人，应注意病人保温，并立即打电话通知救治人员。

（3）检查伤者意识反应、呼吸、脉搏，如果伤者清醒，应安慰伤者，叮嘱其静止不动。如果骨折时病人的意识已经丧失，最基本的紧急处理是保证伤者呼吸道畅通（此时千万不要让受伤部位扭动，如颈椎受伤只让颈部向前伸即可）。若伤者已经没有呼吸，应进行人工呼吸。如果伤者仰卧，急救人员应把双手放在伤者的双耳上，稳定及支撑头部于身体正中位置。

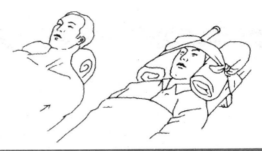

颈椎骨折的固定方法

4. 颅脑外伤的急救措施

摔伤易伤及头部，造成脑震荡、颅脑外伤。当摔伤后，如果头部受到打击，出现短暂的意识不清，在几分钟内醒来后，能自述头晕、恶心的感受，但不能回忆起刚刚发生的事情，记忆力下降。经过医生检查无其他异常，一般属于脑震荡。这种情况下，休息几天，对症处理即可。

如果摔伤后发生神志不清，伴有呕吐，耳鼻流血（或流出血性液体），或者开始是清醒的，后来不清醒了，这就可能发生了严重的脑外伤，需要按照以下步骤处理。

（1）保持伤者头部的稳定，不可随便搬动。可将伤者头部稍微垫高一些。伤者头部伤口经过包扎止血后，要及时送到有条件的医院（做 CT 检查和进行颅脑手术）进一步检查治疗。

（2）如果伤者一侧的耳内有液体流出，急救人员应将其头侧向这一面，让液体流出，切勿用棉球等物塞住耳孔。

（3）急救人员在搬运伤者时，为了避免震动，可以在伤者头部两侧放上沙袋或枕头，将头部固定住。

（四）意外摔伤的预防

（1）儿童摔伤预防。家中室内地板不应过滑，家具不宜过挤，突出处最好为圆角，以免碰伤孩子。窗户上要安装防护栏，大人要注意加强对在楼梯附件玩耍儿童的防护，并让孩子认识到打开窗户及楼梯的危险性。儿童在户外玩耍时，应避开剧烈运动，不做从高处往下跳、快跑等危险动作，以防孩子摔倒或撞倒。去游乐场玩，选择适合儿童年龄的器具，并随时注意保护。活动场地最好选择路面平坦的草地或土地，远离人多、车多的地方，避免被突如其来的行人和车辆撞到。

家具买圆角的。

（2）老年人摔伤预防。老年人平时应坚持积极锻炼身体，增加活动量，如较长距离散步、打太极拳等，积极预防骨质疏松。外出走路要当心，鞋底不宜滑，以手杖辅助行走为宜，雨天地面积水或雪天冻冰时不宜外出。老年人居住的地方地要平，家具要简单并靠墙摆放，及时清除家居障碍，

睡前最好在床边放上接便器，避免夜间去卫生间里上厕所。

案例 10

　　2006 年 7 月 13 日，57 岁的邱女士在超市购物，当其从店内地上一层扶梯到地下一层时，由于电梯出口为地砖地面，又恰逢刚做完清洁工作，地面很滑，导致邱女士刚迈出扶梯便摔倒在地，导致右肱骨大结节骨折。

第七章 异物进入人体

在日常生活中，异物会因各种原因，通过各种途径和各种方式进入人体呼吸道、眼睛、鼻腔、耳孔及皮肤等，给人带来种种危害，有时连手指尖端的竹篾小刺，都有可能导致感染引起败血症。因此，不论异物是什么，发生在什么部位，都应及时去除，切勿大意。

案例 1

某医院的医生，用了 2 小时从一患者心脏左前冠状动脉边上取出一根 1 厘米长的缝衣针。这根缝衣针由于长期氧化，表面已锈迹斑斑，从被腐蚀的程度来看，它待在患者体内已经超过 30 年。患者的母亲曾是一名裁缝，这根针很可能是在患者小时候扎进体内的，经氧化腐蚀后逐渐变短，最后随着血液流到了心脏。

一、异物卡住咽喉的急救

儿童可能吞入一些小物件，例如糖块、硬币、别针或纽扣等，成年人可能误吞鸡骨、鱼刺或猪骨等，造成异物卡住咽喉。有的人反应强烈，有的人可能当时感觉不明显，但如不及时医治，就可能造成危险，甚至危及生命。

（一）异物卡住咽喉的原因

成年人主要是进餐时嬉笑、说话以及不注意细嚼慢咽，不慎把夹在食物中的骨头、鱼刺等硬物或没有嚼碎的食物块、肉块卡在咽喉，有的老人吞食大块糯米糕团时，把假牙误吞。而小孩则常因口含糖块、纽扣、塑料玩具甚至硬币、笔帽等，不慎吞下导致异物卡喉。

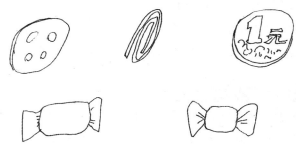

喉咙被鱼刺卡住是最常见的，其他的还有花生、瓜子、豆类、糖球等。一般情况下，鱼刺、骨渣及果壳等异物最容易刺入的部位主要是扁桃体下端、舌根等部位，枣核则容易卡在食道中。导致小孩异物卡喉最多的是花生米、瓜子以及果冻等软的东西。

（二）异物卡住咽喉的危害

卡了异物，人的咽喉部会感到刺痛或有异物感，出气不畅，吞咽也很困难。如果异物从咽喉掉入气管，刺激气管黏膜，则会引起剧烈咳嗽，并因反射性痉挛及异物阻塞而出现呼吸困难，可能有不同程度的喘鸣、失音、喉痛等，并引起肺部的感染或其他并发症。若异物从咽喉掉入食道，常有吞咽疼痛感，或压迫气管后壁使气管发炎，尖锐异物刺激食道黏膜也有疼痛感，位于食道附近胸主动脉处的尖锐异物有损伤动脉的危险。最严重的是，如果异物较大，造成完全性喉阻塞或气管阻塞，则患者当时即不能说话和咳嗽，然后呼吸困难、面色发青，很快窒息死亡。

案例 2

一天晚上 9 点多，家住杭州大关南四苑的刘大妈，抱着 13 个月大的孙子牛牛急匆匆地来到医院，说是孩子被花生噎住了。原来，当天傍晚孙子哭闹，正在吃花生的奶奶咬了半片花生，就送进牛牛嘴里，想哄他不哭。没想到的是，牛牛的面孔和嘴唇很快发黑，四肢也开始抽搐。医生检查发现，孩子两边的支气管被黄豆大的花生堵塞了，经手术才捡回了一条命。

（三）异物卡住咽喉的急救

发生异物卡喉，首要的就是防止完全性喉阻塞或气管阻塞，保持呼吸通畅。

1."海氏法"急救

当异物卡喉，造成呼吸困难时，应立即采取"海氏法"急救，其方法为：

（1）当患者为婴儿时，将患儿头向下，一手抱住腹部，一只手拍打其背部正中，直到异物吐出。对于幼儿，也可将其俯卧在自己的膝盖上，用膝盖顶其腹部，在背部正中拍打，直到异物吐出。

（2）当患者为较大的孩子或成年人时，让患者站立或坐下，施救者在背后，以手握拳，拇指侧朝向患者腹部，按在剑突下肚脐上的位置，将另一只手紧握此拳，用力冲击，压迫腹部，反复多次，利用患者肺内的气体将异物冲出。若患者体形肥胖，可改为拍背法，促使异物冲出。现场没有别人时，可趁自己尚有力气迅速用拳压迫冲击上腹部或将上腹部压在椅背、桌边、栏杆上，反复用力压迫，异物亦有可能冲出。

2．咳出或取出喉部异物

如果喉咙里卡了异物，可以尽力咳出或用手指伸向咽喉部向外抠，设法将异物吐出。

当鱼刺卡住咽喉不能咳出，可以先试着用汤匙或牙刷柄压住舌头的前半部，在亮光下仔细观察舌根部、扁桃体及咽后壁，如果能找到鱼刺，可用镊子或筷子夹出。

注意：千万不要强行大口吞咽蔬菜、馒头、饭团，以为能把鱼刺带下食道，这样只会使鱼刺扎入更深的部位或卡在食道内，造成更严重的后果。

案例 3

有一患者，因吃海鱼被骨刺卡住，当时未找医生取出，吞了两大团咸菜想将其"带"下胃部。此后常有胸骨不适感，但未就医，突然有一天大量呕血，随即休克。原来是鱼刺卡在食道接近主动脉处，该处食道化脓、溃破，致鱼刺刺破胸主动脉，最后病人不治身亡。

吞点面条试试？

咔！咔！被鱼刺卡住啦！

3. 当异物从咽喉落入气管

如遇异物从咽喉落入气管，应尽快到医院治疗，采取喉镜或纤维支气管镜将其取出。较小的异物会进入患者支气管，刚开始引起咳嗽，但过会儿适应了就不再咳嗽，不能抱有侥幸心理，觉得异物已经咳出来了，其实这种可能性极低。

案例 4

年仅 27 岁的患者黄某，2 年多来，他被多家医院诊断为肺炎、气管重度阻塞狭窄、阻塞性肺气肿甚至肺癌，不能排除须剖胸做左肺切除手术的可能。最近黄某慕名到某肺科医院，胸外科医生为他做电子纤维气管镜检查，发现有一近长 3 厘米的白色硬质异物，两端牢固地刺入双侧支气管内壁中，周围被较多肉芽组织紧紧地包裹着。取出的异物经仔细观察，确认为狗骨头碎片。原来患者 2 年半前曾吃过一次狗肉，当时无明显呛咳等异物误入气管的症状，但不久即出现原因不明的咳嗽、咯血症状，且病情日趋加重。

4. 当异物从咽喉落入食道

异物因形状不规则或体积较大，易卡在食道里，这时不要让患者强行吞咽食物，以免加重食道损伤，应尽快到医院治疗，采取胃镜取出。而较小的异物会落入胃中，一般不会引起严重后果，多吃些粗纤维食物，如韭菜、芹菜等，促使异物早日从体内排出。

二、异物进入眼睛的急救

在日常生活中，常会发生异物入眼的事故。俗话说："眼睛掺不得一粒沙子"，异物入眼后，可立即引起不同程度的眼内异物感、疼痛及反射性流泪，严重的会造成眼球损伤，使视功能受损，轻者视力下降，重者可完全丧失视力。因此，预防眼外伤的发生和正确处理异物入眼十分重要。

案例 5

2011 年 7 月 12 日中午，厦门市的小龚突然感到左眼上眼皮下有异物，很难受，他揉了几下也不见好，视力反而明显下降。13 日，小龚到市第一医院就诊，医生发现他眼睛里的异物竟然是铁锈，有些铁锈已经嵌进瞳孔里，"如果他再晚来两三天，就很难处理了，可能会失明。"

（一）异物进入眼睛的原因

异物常在风吹、爆炸、打磨、敲击、撞击时意外进入眼睛。进入眼睛的异物常见的有沙尘、眼睫毛、小昆虫、木屑、铁屑甚至碎石、碎玻璃、腐蚀性液体等。

案例 **6**

2012 年 10 月 13 日，杭州发生因操作失控导致烟花炸伤观众的事故，造成至少 34 人受伤，受伤的部位多为耳朵和眼睛。

（二）异物进入眼睛的危害

异物进入眼睛后，初期会引起流泪、怕光，有摩擦感、眼睑痉挛、疼痛等刺激症状，若不及时处理，很容易导致角膜炎、结膜炎等疾病，不同性质的异物在眼睛的不同部位所引起的损伤也不同。

1．眼睑异物

多见于爆炸伤时，可使上、下眼睑布满细小的火药渣、尘土及沙石。

2．结膜异物

常见的有灰尘、煤屑等，多隐藏在睑板下沟，穹窿部及半月皱襞，异物摩擦角膜会引起刺激症。

3．角膜异物

以煤屑、铁屑较多见，有明显的刺激症，如刺痛、流泪、眼睑痉挛等。铁质异物可形成锈斑，植物性异物容易引起感染。

4．眼眶异物

常见的眼眶异物有金属弹片、汽枪弹，或木、竹碎片。可使眼睛局部肿胀、疼痛。若合并化脓性感染时，可引起眼眶蜂窝组织炎。植物性异物会引起慢性化脓性炎症。

（三）异物进入眼睛的急救

异物入眼后，切勿用手揉擦眼睛，以免异物擦伤角膜或陷入眼组织内，引起角膜炎等眼部疾病。正确的处理方法是：

（1）先冷静地闭上眼睛休息片刻（如果是小孩应先将其双手控制住，以免揉擦眼睛），等到眼泪大量分泌，不断夺眶而出时再慢慢睁开眼睛眨几下，多数情况下，大量的泪水会将眼内异物自动地"冲洗"出来。

（2）请人用食指和拇指捏住眼皮的外缘，扒开眼皮，找到异物，用嘴轻轻吹出异物，或者用干净的棉签、手绢轻轻将其捻出。翻眼皮时要注意将手洗干净。

（3）准备一盆清洁干净的水，轻轻闭上双眼，将面部浸入脸盆中，双眼在水中眨几下，这样会把眼内异物冲出。也可请人将眼睛撑开，用注射器吸满冷开水或生理盐水冲洗眼睛，或用杯子冲洗眼睛。

（4）异物取出后，可适当滴入一些眼药水或眼药膏，以防感染。

（5）如是石灰、强酸、强碱等化学物品不慎溅入眼内，应立即用大量清水反复冲洗 10 ～ 15 分钟，

然后送医院接受进一步的检查。

案例 7

2010 年 4 月 5 日，贵州省习水市 10 岁的小波想用石灰做粉笔玩，于是装了满满一盒子石灰，让他没想到的是，石灰加水后突然"嘭"的一声炸开，溅了他一脸，两只眼睛也被石灰烧伤，其中左眼角膜被完全破坏，几乎失明。

（6）如果眼球被木屑、碎玻璃、金属片等刺伤，或异物已经陷入眼组织内等异常情况，绝对不能随便拔去刺入眼球的异物，必须立即送医院就诊。运送途中最好保持仰卧，如有可能应使用担架，并用纱布轻轻盖着受伤的眼睛，不要让异物再深入眼球。

三、异物进入鼻腔、耳道的急救

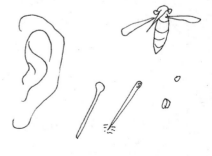

鼻腔、耳道内进入异物多见于儿童。通常小孩都很喜欢把各种各样的东西塞入鼻子和耳朵里，从小珠子到玉米粒等，他们往往自己往外掏，结果异物越来越深，影响正常呼吸和听觉，严重造成鼻腔发炎、耳膜受损等。

（一）异物进入鼻腔、耳道的原因

好奇的儿童喜欢把异物如豆类、纽扣、珠子、蜡笔、海绵等塞入自己或其他小朋友的鼻腔或耳孔，成人则多半因意外事故（如金属片、玻璃片）进入鼻腔，用棉花棒清洁耳孔后也可能会留下棉花。此外，昆虫亦可能飞入或爬入耳内。

案例 8

2008 年 1 月 10 日晚 6 点多，家住沈阳市皇姑区的田女士发现，5 岁的儿子浩浩从幼儿园回家后，左耳朵边有根细线头。结果，顺着线头，田女士从儿子耳朵里掭出了一团杂物！"纸屑细线头裹在了一起，细线头抻开能有 3 厘米长，纸团像大米粒那么大，能有 4 团。"田女士又气又怕地说道。

11 日早上，当田女士再次看儿子的耳朵时，浩浩还嚷嚷耳朵疼。随后，浩浩的爸爸常先生立刻带儿子去医院检查。医生用药水从浩浩的耳朵里又冲出来 3 团纸。

浩浩在幼儿园上大班，他告诉记者，午睡时，同班的小朋友把杂物塞到了他的耳朵里。"我当时睡着了，小朋友塞（杂物）我也不知道。"浩浩嘬着嘴说，直到他醒来，也没有发现自己耳朵里有异物，"也不疼，也不痒……我不知道小朋友为什么要塞纸团。"

（二）异物进入鼻腔、耳道的症状

如果孩子鼻子里有异物，你可能会注意到他的一个鼻孔流鼻涕，而且还挺难闻（而感冒流鼻涕，一般两个鼻孔都会流）。孩子也许还会喊疼或不舒服，或者还可能流鼻血。

如果孩子耳朵里有异物，他可能会说听声音怪怪的，耳朵里也许还会流出液体或感到不舒服。如果异物较大，则会引起耳鸣、耳聋甚至眩晕等症状。

（三）异物进入鼻腔、耳道的急救

孩子的鼻腔、耳道进入异物，你首先要保持镇静，尽量让孩子放松、别害怕，也不要急于用火柴梗、发卡等去乱掏、乱挖。其实最大的危险在于，如果你试图自己用棉签、镊子、耳挖勺把豆子、纽扣、麦粒等异物弄出来，反而会把这些东西往里推得更深。

1．异物进入鼻腔的急救

（1）异物刚进入鼻腔，大多停留在鼻腔口，成人可自己压住没有异物的鼻孔，用力打喷嚏，异物可被喷出来，但用力不要太大，否则可致鼓膜破裂。年纪稍大的小孩，也可用此法，但 2 ～ 3 岁儿童不宜采用，否则有可能将异物吸入。

（2）可用镊子小心取出异物或用吸管吸出异物。

（3）当异物被取出后，可在鼻腔内涂点红霉素等抗生素药膏来防止感染。

（4）当异物已经进入鼻腔深处，

或是尖锐异物刺入以及异物过大，特别是圆形异物，切不可用镊子去夹，以免越来越深，应立即送医院处理。

案例 9

2012 年 9 月 10 日上午，常州市 1 岁半的小朋友琳琳，一个人在卧室玩耍，不知从什么地方摸到一颗鱼眼大小的塑料珠子，拨弄一会儿就塞进鼻子，鼻子不通气了又往里面抠抠，小珠子跑得更深了，吓得她哇哇哭着去找妈妈，而珠子此时已到鼻腔深部无法取出。结果琳琳被送到肿瘤医院头颈外科后医生用特制的工具忙了 10 分钟，才将珠子取出。

2．异物进入耳道的急救

（1）如果是玩具、小纽扣等，可让孩子把头歪向一侧，并单脚侧身跳几次，塞入的异物可能会跳出来。

（2）如果是小虫进入耳内，可滴入几滴水或香油、大豆油、花生油，当虫子被淹死后，然后倾斜耳朵，让小虫掉出来，或用镊子小心取出。

案例 10

2008 年 6 月 30 日，合肥市的沙先生坐在沙发上等着看欧洲杯决赛，结果扛不住睡着了。到了凌晨 1 点 20 分左右，他突然感觉右耳里一阵剧痛，还听到打雷般的轰鸣声。他开始以为是耳炎发作，打算天亮后去医院看看。但是耳朵越来越痛，还能明显地感觉到有东西在耳朵里乱动，"会不会是虫子爬到耳朵里了啊？"沙先生急忙拿棉签抠耳朵，可是越抠虫子越往里爬。沙先生赶紧叫老婆倒了一些香油在耳朵里，然后自己侧身趴在床上。过了大约10分钟，小虫从耳洞里掉了出来，原来是1只小蟑螂。

（3）如果是进了水，可将进水的耳朵朝下，单脚上下跳动，让水自己跑出来，也可用棉签轻轻摊入耳内，将水吸干。

（4）如果是豆粒、花生仁等膨胀类异物，不可滴水或油，可先用95%的酒精滴入耳内，使异物脱水缩水后，再设法取出。

（5）如果是金属异物，可用磁铁吸出。

如果经以上处理异物仍无法出来时，应立即送医院处理。

案例 11

2011年12月19日上午8点30分，成都中医药大学附属医院耳鼻喉科专家门诊开始不久，就来了一位非常神秘的男病人。"我耳朵里面进了东西！"说完这句话，病人不再主动介绍病情，就连异物是如何进了耳朵也不肯说。

医生使用内窥镜检查发现，异物处于耳朵深部，直径约3

毫米，绿豆大小，靠近鼓膜位置。检查过程中，小伙子终于承认耳朵内的异物是用于作弊的耳机。

最后，医生决定采用内窥镜取耳机。不到 20 分钟，一个类似纽扣电池还带有磁性的银白色圈圈，就从小伙子的耳中被取了出来。

8

第八章　意外心跳、呼吸骤停

　　人在日常工作和生活中，可能遇到突发意外事故，造成人员伤害，严重者会发生呼吸和心跳骤停。另外，有的疾病也会引起心跳骤停，如冠心病、急性心肌炎、体内电解质与酸碱不平衡等。呼吸和心跳骤停后，若能在短时间内采取积极有效的救治措施，就可大大提高生存率和生存质量。

案例 1

　　2012 年 4 月 2 日上午 11 点 30 分，在湖南省耒阳市神龙大酒店一个 80 多岁老人突然摔倒，呼吸心跳全无。家属连忙拨打了 "120"，在等待的过程中家属手足无措。这时，路过此地的中南大学湘雅二院脊柱外科副教授邓幼文看见围了一大群人，邓幼文挤进人群一看，只看一位 80 多岁的老人倒在地上，家属手忙脚乱，惊慌失措。邓幼文立即蹲下来，用手摸了摸老人的手腕，再摸了摸脖颈，发现老人已经没了呼吸和心跳。

　　"赶紧把老人抬上桌子！"邓幼文立即和家属一起将老人抱到酒店大堂的长桌上。邓幼文对老人进行了胸部按压和人工呼吸，反复 3 次，15 分钟后，老人终于有了呼吸。

一、心跳、呼吸骤停的常见原因

导致心跳、呼吸骤停的原因很多又很复杂，主要有：

（1）意外伤害，如严重创伤、电击伤、溺水、自缢等。

（2）心脑血管疾病急性发作，如冠心病、心肌炎、脑血管意外等。

（3）严重电解质紊乱、酸碱失调，如高钾血，低钾血症。

（4）药物过敏、中毒引起的休克和各种中毒。

（5）手术意外，如心、脑、肺的手术，麻醉意外等。

二、心跳、呼吸骤停的危害

我国每年有 50 多万人死于心跳、呼吸骤停。心跳停止将直接导致人体各项功能活动停止，而呼吸停止则直接导致人体缺氧。当缺氧时间超过 5 分钟时，大脑将发生不可逆的死亡，此时即使心跳恢复，患者也将成为植物人。心肺复苏时间是挽救生命的关键，如果在心跳停止 1 分钟内正确实施心肺复苏急救，抢救成功率可达 90%。如果在心跳停止 4 分钟内正确实施心肺复苏急救，抢救成功率可达 60%。如果心跳停止后 10 分钟才实施急救，抢救成功的几率不到 1%。因此，大家都应该学会基本的心肺复苏知识，在"黄金 4 分钟"内及时进行急救，因为即使急救车以最快的速度赶到出事现场，绝大多数患者呼吸心跳停止时间也都超过了 10 分钟。如果仅仅等待专业医护人员赶到抢救，往往已经错过了最佳的抢救时机，使患者出现死亡或重残。

案例 **2**

　　2012 年 2 月 3 日下午 2 点 30 分左右，24 岁的小林和朋友
一起坐地铁 2 号线，途经广州昌岗路站下车。小林从地铁站 D
出口来到地面，突然晕倒在地，失去了意识。小林的朋友连忙
拨打"120"求救。医生赶到现场的时候，小林的心跳和呼吸
都已经停止了，现场围了有几十人，但没有一个人意识到应该
对小林采取心肺复苏等临时的急救措施。

　　幸亏广医二院就在事发地点的对面，医护人员不到 5 分钟
就赶到现场。经抢救，小林终于恢复了呼吸和心跳，但由于大
脑曾经短暂缺氧，因此清醒后小林曾出现过短暂的失忆，不记
得自己是怎么晕倒的，甚至不会用手机。

三、心跳、呼吸骤停的急救

　　患者一旦发生心跳停止，应就地立即进行心肺复苏，保证患者
最基本的血液循环存在和呼吸支持，而且早期的心肺复苏更容易使
患者的心跳和自主呼吸恢复。

　　现场心肺复苏主要包括 3 个主要步骤，顺序为胸外心脏按压→
开放气道→人工呼吸。在进行心肺复苏之前，必须先对病人的情况
和昏迷原因进行初步检查，一方面，心肺复苏具有一定的侵犯性，
盲目操作会对病人造成不必要的伤害；另一方面，抢救者在实施抢
救前必须详细检查昏迷的原因，排除对抢救者可能有危险的因素，
如为触电，则需在抢救前先切断电源等，如为外伤导致的昏迷，不
应随意搬动病人，以免因不正确的搬动而加重颈部损伤造成高位截

瘫。当确定对抢救者与病人都没有危险后，再进行抢救。

（一）判断意识

1．判定病人有无意识

方法：轻轻摇动病人肩部或轻拍病人面部，大声问"喂，你怎么啦？"如认识，也可直呼其名，如无反应，立即用手指甲掐人中穴或合谷穴约 5 秒钟，再无反应，说明病人意识已经消失。

2．呼救

一旦确定病人意识丧失，应立即招呼周围的人前来协助抢救。但切不可丢下病人不管前去找人或打"120"电话，可大叫"来人哪！救命啊！"

3．将病人放置于适当的体位

在呼救的同时，将病人置于复苏位（即仰卧位），病人头、颈、躯干平直无扭曲，双手放于躯干两侧。如病人摔倒时面向下，在转动病人时一定要小心，使病人全身成一个整体转动，尤其要保护颈部，可以一手托住颈部，另一只手扶着肩部，使病人平稳地转动至

仰卧位。如为软床，病人身下应垫一硬板，没有硬板可直接将病人放在地板上，不要为了找硬板而延误抢救。病人如心跳呼吸未停止，只是昏迷，应将病人置于昏迷体位（侧卧，头偏向一侧，便于呕吐物排除，防止窒息）。

　　4．检查生命体征

　　将病人置于仰卧位后，触摸颈动脉，观察受伤者有无呼吸，如无生命体征，应立即进行胸外按压。

（二）胸外按压

　　胸外按压的目的是通过人工的方法促使血液在血管内流动，从而维持心脏、大脑等重要生命器官的血、氧供应。如经判断病人心跳已经停止，应立即进行胸外按压。

　　1．准确定位

　　用一只手的中指沿肋弓向上滑到病人的剑突下，将一只手的手掌根靠在手指上，另一只手重叠在第一只手上做手指交叉，保证只有一只手的掌根放在病人的胸壁上。

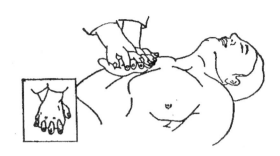

2．保持正确姿势

按压时，施救者保持上半身前倾，腕、肘、肩关节伸直，手臂
与病人的胸部保持直角，以髋关节为轴，腰部用力垂直下压，借助
上半身的体重和肩臂部肌肉的力量进行按压。

3．用力快速按压

按照每分钟至少 100 次的频率，深度至少 5 厘米（婴儿和儿童
为胸部前后径的 1/3，婴儿大约为 4 厘米，儿童大约为 5 厘米），
用力快速按压 30 次。若无反应，则应立即进行人工呼吸或继续进
行胸外按压，直至急救人员接替抢救。

（三）开放气道（畅通呼吸道）

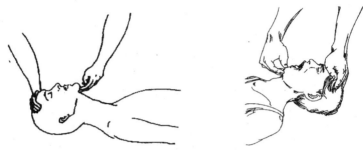

在进行人工呼吸前，应采用提压额提颏法，打开病人的气道。具体操作为：用一只手掌的外侧压住病人的前额，用另一只手的食指和中指的指尖放在病人的下颏骨的骨心部位向上抬，使病人的头后仰，这样可以使病人舌根上移而不阻塞气道，保证呼吸畅通。

（四）人工呼吸

1．进行人工呼吸

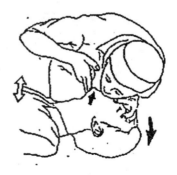

捏住病人鼻子，保持气道畅通，用自己的嘴包住病人的嘴，向内吹气 2 次。吹气持续的时间为每次 2 秒（可心中默读 1001、

1002），吹气的容量，成人为 700 ～ 1 000 毫升。为了卫生，口对口吹气时可先垫上一层薄的织物，厚度以不妨碍气流通过为宜。

2．检查病人体征

吹完 2 口气以后，检查病人的劲动脉，同时判断病人的呼吸循环体征。如果病人既没有颈动脉搏动，也没有任何反应，重复 30 次胸外按压＋2 次人工呼吸的步骤，直至病人恢复自主呼吸和心跳，或有专业急救人员接替抢救。

3．人工呼吸需注意以下事项

（1）每次吹气时，若吹气量过大（大于 1 200 毫升）可造成胃大量充气，引起食物反流。

（2）吹气时应暂停胸外按压。

（3）儿童吹气量要根据年龄、身高、体重而定，以胸廓上抬为准。

（4）仅呼吸停止而心跳尚存的，吹气可按 10 ～ 12 次／分的频率进行。

（5）如身边有急救器材，亦可用口对口呼吸专用面罩或简易呼吸器代替口对口吹气。

（6）牙关紧闭，应当机立断进行口对鼻吹气。

案例 3

2012 年 10 月 1 日上午 9 点 50 分左右，69 岁的宁波老人李金国下了早班，骑着电动车行驶在百丈路上，当他正准备通过灵桥返回在高桥的家时，与一辆从百丈路右转进入江东北路的公交车迎面撞上了。公交车将电动车和人都压在车下，李金国头部受创，血流了一地，当即不省人事。

公交车司机和周围的不少路人马上围了上去。正准备救助时，有人发现李金国的心跳和呼吸都消失了，这下大家都吓呆了，除了拨打报警电话外，完全不知道该做些什么……

就在众人束手无策时，4位年轻的姑娘挤进了事故现场，见到这一情景，她们马上蹲在老人的四周，做起心肺复苏术，直到4分钟后救护车赶到现场才悄悄离开。老人被送到医院后，医生说，正是这4分钟的按摩，为抢救老人生命赢得了关键时间。

第九章　叮咬伤急救

一、哺乳动物咬伤

动物咬伤相当危险，因为动物嘴内的细菌可能会造成感染。

（一）哺乳动物咬伤的主要原因

外出遇到野狗或疯狗咬伤，与猫、狗、鼠等宠物戏逗被咬伤、抓伤。

（二）哺乳动物咬伤的危害

被哺乳动物咬伤后，狂犬病危险性最大。猫科、犬科以及其他一些动物都能够携带狂犬病，甚至蝙蝠也携有一种狂犬病毒。狂犬病人会表现出特有的狂躁、恐惧不安、怕风恐水、流涎和咽肌痉挛，终至发生瘫痪而危及生命。狂犬病一旦发病，死亡率接近100%。发病时间视被咬部位距离中枢神经系统的远近、咬伤程度和感染病毒的剂量不同，狂犬病的潜伏期短到10天，长则达到2年或更长。

需要注意的是，感染了狂犬病毒但未发病的动物，同样能把病毒传染给人，使人发生狂犬病，近七成狂犬病人就是因为被外表看上去"健康"的犬咬伤而致病。外观健康犬的带病毒率高达5%～10%，咬人可疑犬的带病毒率在30%以上。貌似健康而携带狂犬病病毒的动物已成为狂犬病最危险的传染源。所以若被任何的猫、狗等哺乳动物咬伤必须进行必要的处理。

2012年5月，一男子在喂食自家狗时被咬伤，伤口未作任何处理，也没接种疫苗，3个月后因狂犬病至呼吸循环衰竭死亡。

快逃啊！疯狗咬人啦！

（三）哺乳动物咬伤的急救措施

一旦被狗、猫等哺乳动物咬伤，重要的是做好现场救护工作，千万不要急着去医院找医生诊治，而是应该立即、就地、彻底冲洗伤口。

1．预防狂犬病，应按照以下步骤处理伤口

（1）挤出带毒血液。被猫、狗等咬伤后，应立即向伤口方向挤捏，排去带毒液的污血，也可使用负压吸毒火罐拔毒，但绝不能用嘴去吸伤口处的污血。

（2）反复冲洗伤口。用大量的清水、凉开水或盐水清洗伤口。因为狗、猫咬的伤口往往外口小，里面深，所以必须掰开伤口，让

其充分暴露，冲洗完全。处理好的局部伤口，用干净的纱布盖上，不需包扎，别涂软膏，并立即送医院救治。

（3）尽快注射疫苗。应本着"早注射比迟注射好，迟注射比不注射好"的原则使用狂犬疫苗，首次注射疫苗的最佳时间是被咬伤后的48小时内。此外，伤口较深要使用破伤风抗毒素；伤口深、污染明显，要尽早使用抗生素，以免发生炎症。

2．预防猫抓热，应按照以下步骤处理伤口

（1）及时清洗消毒。被猫抓伤后，应立即清洗损伤皮肤并进行消毒。可将食盐放入凉开水中，反复冲洗伤口，再用碘酒消毒。

（2）及时就医。被猫抓伤后，应立即就医。

（3）使用抗生素。如果伤口较深、较大，应在医生指导下使用抗生素。

（4）及时注射疫苗。虽然是被猫抓伤的，但由于猫也是传播狂犬病的传染源，所以应该及时注射狂犬疫苗。

案例 **2**

2009年4月下旬，家住南京市玄武区的潘阿婆一直反复发烧，辗转看了多家诊所和医院，口服或注射了多种消炎药均无效，而且她的腋窝淋巴也突然肿胀，出现了鹌鹑蛋大小的包块。最终，潘阿婆被确诊为患上了"猫抓热"，原因是潘阿婆病发前家里一直养猫，喜欢与猫玩耍，曾多次被猫的爪子划过皮肤，虽然没有出血，但也可能会感染。

（四）哺乳动物咬伤的预防

对家养的宠物应当定期预防注射狂犬疫苗，挂牌标记，登记注册，实行圈养。教育儿童与小动物的接触不要过于亲密，不能亲小动物，不要与小狗长时间对视，见到小狗不要转身就跑，不要去拽小动物的尾巴；外出时要提高警惕，防止野狗咬伤；要学会鉴别疯狗，并且远离它。

市民在捕捉老鼠时要做好个人防护措施，并养成良好的饮食卫生习惯，接触过小动物后要洗手，如果发现家中食物有被老鼠啃咬的痕迹一定不要食用。

二、毒蛇咬伤

（一）毒蛇咬伤的原因

有毒的蛇，头部多为三角形，颈部较细，尾部短粗，色斑较艳，咬人时嘴张得很大，毒液从毒牙流出使被咬的人中毒。我国有160余种蛇类，其中毒蛇50余种，有剧毒、危害巨大的有10种，如大眼镜蛇、金环蛇、眼镜蛇、五步蛇、银环蛇、蝰蛇、腹蛇、竹叶青、烙铁头、海蛇等，咬伤后能致人于死亡。这些毒蛇在夏秋之际出没于南方的森林、山区和草地中，当人进入这些地方进行割草、砍柴、采野果、拔菜、散步时易被毒蛇咬伤，咬伤的部位以四肢为最常见。

（二）毒蛇咬伤的危害

蛇毒含有毒性蛋白、多肽和酶类，按其对人体的作用可归纳为3类。

（1）神经毒。会使伤处发麻，并向近心侧蔓延进而引起头晕、视力模糊、眼睑下垂、语言不清、肢体软瘫、吞咽和呼吸困难等；最后可导致呼吸循环衰竭。

（2）血循毒。会使伤处肿痛，并向近心侧蔓延，邻近淋巴结也有肿痛；并引起恶寒发热、心率和心律失常、烦躁不安或谵妄，还有皮肤紫斑、血尿和尿少、黄染等，最后可导致心、肾、脑等的衰竭。

翠青蛇　　　　　　　横纹斜鳞蛇　　　　　　黑头剑蛇

挂墩后棱蛇　　　　　　花尾鳞蛇　　　　　　　乌鞘蛇

山溪后棱蛇　　　　　　滑鼠蛇　　　　　　　　钝头蛇

福建劲斑蛇　　　　　　灰鼠蛇　　　　　福建钝头蛇（幼体）

无毒蛇图例

眼镜王蛇　　　　　五步蛇　　　　　铬铁头

眼镜蛇　　　　　蝮蛇　　　　　山铬铁头

金环蛇　　　　　白唇竹叶青　　　　　白头蝰

银环蛇　　　　　竹叶青　　　　　长吻海蛇

剧毒蛇图例

（3）混合毒。兼有神经毒和血循环毒作用，但如眼镜蛇和蝮蛇的混合毒，对神经和血液循环的作用各有偏重。

（三）毒蛇咬伤的急救措施

1．鉴别是否为毒蛇咬伤

被毒蛇咬伤后，要先判断蛇是否有毒。毒蛇与无毒蛇最根本的区别是，毒蛇的牙痕为单排，无毒蛇的牙痕为双排。当无法判定是否为毒蛇咬伤时，应按毒蛇咬伤急救。如果可以的话，最好能将蛇打死带到医院，或者通过其他办法弄清被何种毒蛇所伤。很多病人因不知道自己被何种毒蛇咬伤，所以要靠医生通过对被咬时间、地点及伤口情况来判断，这就耽误了不少治疗时间。

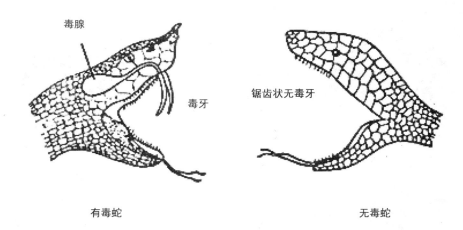

毒腺　毒牙　锯齿状无毒牙

有毒蛇　　　　　　　　　无毒蛇

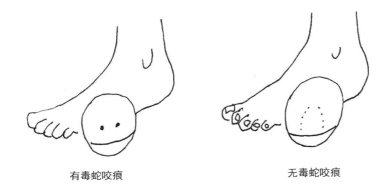

有毒蛇咬痕　　　　　　　　无毒蛇咬痕

2. 阻止毒液吸收

被咬伤后，蛇毒在 3 ～ 5 分钟内就迅速进入体内，应尽早地采取有效措施，防止毒液的吸收。

（1）绑扎法。绑扎法是一种简便而有效的方法，也是现场容易办到的一种自救和互救的方法。即在被毒蛇咬伤后，立即用布条类、手巾或绷带等物，在伤肢近侧 5 ～ 10 厘米处或在伤指（趾）根部予以绑扎，以减少静脉及淋巴液的回流，从而达到暂时阻止蛇毒吸收的目的。在送往医院途中应每隔 20 分钟松绑一次，松绑时间为每次 1 ～ 2 分钟，以防止肢瘀血及组织坏死。待伤口得到彻底清创处理和服用蛇药片 3 ～ 4 小时后，才能解除绑带。

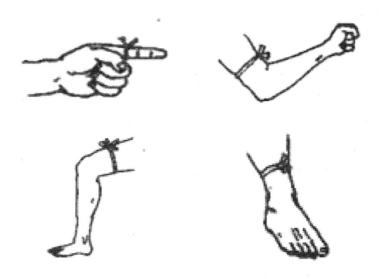

（2）冰敷法。有条件时，在绑扎的同时用冰块敷于伤肢，使血管及淋巴管收缩，减慢蛇毒的吸收。也可将伤肢或伤指浸入 4 ～ 7℃的冷水中，3 ～ 4 小时后再改用冰袋冷敷，持续 24 ～ 36 小时即可，但局部降温的同时要注意全身的保暖。

（3）伤肢制动。受伤后走动要缓慢，不能奔跑，以减少毒素的吸收，最好是将伤肢临时制动后放于低位，送往医疗站。可进行适当安慰，使病人保持镇定。

3．促进蛇毒的排出及破坏

存留在伤口局部的蛇毒，应采取相应措施，促使其排出或破坏。

（1）扩创法。常规消毒后，沿牙痕作纵行切口，长约 1.5 厘米，深达皮下，或作"十"字切口，如有毒牙遗留应取出，并用手由近心端向伤口附近反复挤压，以排出毒血。同时以 1∶5 000 高锰酸钾溶液及双氧水反复冲洗，使蛇毒在伤口处被破坏，从而减少蛇毒扩散，减轻中毒。毒蛇咬伤后，若伤口流血不止，且全身有出血现象者，则不应扩创。

（2）吮吸法。用口吮、拔火罐或抽吸器抽吸等方法，将伤口毒血吸出，此法可先于扩创法应用。如吮吸者的口腔黏膜有破损，则不宜作吮吸，以免引起中毒。

（3）烧灼法。在野外被毒蛇咬伤后，可立即用火柴头 5 ～ 7 个，放在伤口中点燃，烧灼 1 ～ 2 次，以破坏蛇毒，这是一种简便而有效的野外急救方法。

（4）针刺法。经扩创处理后，患部肿胀明显时，可于手指蹼间（八邪穴）或足趾蹼间（八风穴）皮肤常规消毒后用三棱针或粗针头与皮肤平行刺入 1 厘米后迅速拔出，再由近心端向远心端挤压以排除毒液。

4. 药物治疗

常用的解毒抗毒药有上海蛇药、南通蛇药等，也可用半枝莲 60 克、白花蛇舌草 60 克、七叶一枝花 9 克、紫花地丁 60 克水煎内服外敷，还可用激素、利尿剂及支持疗法。

（四）毒蛇咬伤的预防

（1）到野外时不要穿凉鞋、拖鞋。去可能有毒蛇之处时，必须穿长靴、长袜、戴帽子，特别注意要避免大面积暴露脚部、腿部皮肤，行进时要避开人迹罕至的草丛、密林等，可以带上软质的长棍或竹竿，边走边打一打路边的草丛，蛇会迅速逃跑，一般不会主动攻击。不过在蛇刚结束冬眠时，去野外要格外注意，因为蛇结束冬眠刚醒来时，十分饥饿，极具攻击性，毒液浓度也高。

（2）清晨和傍晚，最好不要在有毒蛇活动的环境中行走，尤其是洪水过后的几天内，不宜进入群山峻岭，此时是毒蛇游动最频繁的时间段。

（3）翻转石块、采摘野果前要小心观察，使用竹竿等敲打，这是由于一些蛇类经常栖息于树上（比如竹叶青），其身体颜色多与树干相近，稍一疏忽，就会被它咬伤。

（4）尽量避免在草丛里休息。露营时，应在帐篷周围撒雄黄、石灰粉或水浸湿了的烟叶，然后将帐篷拉链完全合上。清晨收拾地席或帐篷时，要小心查看，有可能"可爱的"蛇昨晚与你同眠。

（5）遇到毒蛇时要保持镇定安静，不要突然移动或奔跑，应缓慢绕行或退后，没有十足把握千万不要发起攻击，一旦被蛇追逐，切勿直跑或直向下坡跑，要跑出"之"字形路线。

（6）蛇讨厌风油精，所以到野外远足时最好带上一些风油精、万精油。另外，可配备"季德胜"、"半边莲"等治疗毒蛇咬伤的良药，以备不时之需。

案例 3

6月26日上午，家住江阴祝塘镇的7岁男孩成成，和村里小伙伴一起在家附近田埂边玩耍，突然成成右脚背上一阵凉，然后一下子感到了钻心的疼痛。成成低头一看，一条灰黑色的蛇快速滑过他的脚背，向路边草丛钻了进去，脚趾也破溃出血，家人立即带他到医院就诊。医生根据小孩伤处的症状，诊断为蝮蛇咬伤，立刻为他进行破伤风消毒，并注射了蝮蛇的蛇毒血清。

案例 **4**

　　2008年，一群驴友结伴游烟台昆嵛山，于草丛中休息时，其中一名男子忽然觉得脚踝一阵钻心疼痛，一抬头发现自己已被一条青蛇"突袭"。男子很快晕厥，不省人事，幸亏同伴及时打"120"求助并将其抬下山用救护车迅速送到医院抢救，才逐渐脱离生命危险。

三、毒虫咬伤

　　在野外活动中，外露的皮肤容易被一些毒虫叮咬。一旦遇上毒虫叮咬，要尽快进行正确的处置，否则，将危及生命安全。

（一）毒虫咬伤的危害及急救措施

　　1. 蜈蚣咬伤

　　蜈蚣咬伤危害：蜈蚣俗称"百足虫"，蜈蚣蛰伤的伤口是一对小孔，毒液流入伤口，局部红、肿、热、痛；中毒严重者可出现全身症状，如高热、全身发麻、眩晕、恶心、呕吐等；极少有昏迷、

过敏性休克等。

蜈蚣咬伤急救：①蜈蚣的毒液呈酸性，可立即用肥皂水、3%氨水或 5%～10% 小苏打溶液冲洗伤口，忌用碘酊或酸性药物冲洗或涂擦伤口；②用雄黄、甘草各等份研成细末后，用菜油调匀涂患处，也可用鱼腥草、蒲公英捣烂外敷，民间用雄鸡口内唾液涂抹伤口也有疗效；③有全身症状者宜速到医院治疗。

案例 5

9 月 18 日，晚上 11 点 30 分左右，在东海中路海情大酒店附近靠活的的哥齐师傅又遭到了蜈蚣的袭击，一条长约 12 厘米的大蜈蚣悄悄钻进他的裤管，在他左小腿上狠狠地咬了一口，并留下了两个米粒大的小孔。朋友将他送到医院后，医护人员立即为其清理了伤口，并注射了抗毒血清和破伤风针。

2. 蝎子咬伤

蝎子咬伤危害：蝎子又称"全虫"，被它螫（噬）伤后，局部可出现一片红肿，有烧灼痛，中心可见螫伤痕迹，轻者一般无症状。

中毒严重者，有头痛、头晕、流涎、流泪、畏光、嗜睡、恶心呕吐、口舌僵直、呼吸急促，大汗淋漓及肌肉痉挛等症状。

蝎子咬伤急救：①先将残留的毒刺迅速拔出，在咬伤处上端（肢体近心端2～3厘米处），用止血带或布带扎紧，每15分钟放松1～2分钟；②用吸奶器，拔火罐吸取含有毒素的血液；③用3%氨水，0.1%高锰酸钾溶液，5%小苏打溶液等任何一种清洗伤口；④用南通蛇药或鲜蒲公英的白色乳汁外敷伤口。紧急情况下，可用自己的尿液反复冲洗患处；⑤中毒严重者要在治疗的同时，送往医院做进一步诊治。

3. 蚂蟥咬伤

蚂蟥咬伤危害：蚂蟥学名"水蛭"，常以身上的吸盘叮咬人后在皮肤上吸血，同时分泌水蛭素和组织胺样的物质，使伤口麻醉、血管扩张、流血不止，并使皮肤出现水肿性丘疹、疼痛。

蚂蟥咬伤急救：①在蚂蟥叮咬部位的上方轻轻拍打，使其松开吸盘而掉落，也可用烟油、食盐、浓醋、酒精等滴撒在虫体上，使其自行脱落。切记不要将蚂蟥虫体硬性拔掉，一旦蚂蟥被拉断，其吸盘留在伤口内容易感染，溃烂；②虫体脱落后，若伤口血流不止，可用纱布压迫止血1～2分钟。血止后，再用5%小苏打溶液洗净伤口，涂抹碘酊。如伤口再出血，敷一些云南白药粉。

4. 毛毛虫螫伤

毛毛虫螫伤危害：毛毛虫体表有毒毛，呈细毛状或棘刺状。被螫伤后，毒毛留在体内，因而局部痛痒刺痛，有烧灼感，一段时间后患处痛痒加重，甚至溃烂。严重的还可引起荨麻疹、关节炎等全身反应。

毛毛虫螫伤急救：①先在放大镜观察下，用刀片顺着毒毛方向刮除毒毛，然后在患处涂擦3%氨水；②用南通蛇药外敷患处，也可用七叶一枝花或鲜马齿苋捣烂外敷。如有瘙痒灼痛，可外擦无极膏；③伤口溃烂时，用红霉素软膏涂擦。

5. 蜂螫伤

蜂螫伤危害：人被蜂螫伤后，轻者局部出现红肿热痛，也可有水泡、瘀斑，局部淋巴结肿大等症状，一般数小时或1～2天自行消失。如果身体多处被蜂群螫伤，会引起发热、

头晕、头痛、恶心、烦躁不安和昏厥等全身症状。对蜂毒过敏者，则易出现荨麻疹、水肿、哮喘或过敏性休克，严重的可发生出血、溶血、肝、肾损害，杀人蜂还可致人死亡。

蜂螫伤急救：①仔细检查伤处，若螫针弃于伤处，应先将它拔出；②用肥皂水或 5% 小苏打溶液或 3% 氨水等任何一种液体冲洗伤口，以中和酸性中毒，也可用红花油、风油精、花露水等外搽局部；③患处用季德胜蛇药或六神丸研末外敷，也可用大蒜或生姜捣烂取汁涂敷；④有过敏反应者，口服抗过敏的扑尔敏、息斯敏、强的松等任何一种药；⑤全身症状较重者应速到医院诊疗。对蜂群螫伤或伤口已有化脓迹象者应加用抗菌素。

6. 毒蜘蛛咬伤

毒蜘蛛咬伤危害：毒蜘蛛主要指"红蜘蛛"，又叫"黑寡妇"。它的毒液中含有神经毒蛋白，被其咬伤后，伤口处会发生肿胀、肤色变白，有剧烈痛感。同时，会引起严重的全身反应，表现为全身软弱无力、头晕、恶心呕吐、腹肌痉挛、发烧、畏寒、休克等症状，甚至死亡。

毒蜘蛛咬伤急救：①处理原则与毒蛇咬伤相同。全身症状明显者应找医生诊疗；②立即用止血带或绷带等紧扎伤口上方（肢体近心端 2～3 厘米处），每隔 15 分钟左右放松 1 分钟；③对伤口作"十"字形切口，

然后用力将毒液向外挤出，或用吸奶器、拔火罐将毒液吸出；④用石炭酸烧灼伤口，放松止血带。也可局部涂以 2% 碘酊；⑤用南通蛇药涂敷或用生姜捣烂取汁，加清香油调和擦患处。民间用桃叶捣烂取汁敷患处也有效。

7. 壁虱叮伤

壁虱叮伤危害：壁虱又叫"蜱"，是吸血的体外寄生虫。蜱叮人时会分泌唾液，使血液不凝固及局部血管周围发炎。其唾液中还含有神经毒素，会发生严重神经毒性反应，表现为易激动、全身无力、下肢行动不便。蜱还传播回归热、森林脑炎、黄热病等。

壁虱伤急救：①对叮咬在皮肤上的蜱，不宜强行拔出，以免刺针断于皮内，可以向蜱身上滴一滴碘酊，酒精或乙醚等，或用香烟烘炙，使蜱自行脱落；②用肥皂水清洗伤处，有止痛、消肿作用；③如有神经症状出现，应及时送医院救治。

8. 吸血蝇咬伤

吸血蝇咬伤危害：被吸血蝇咬伤后，因其唾液中含有抗凝血素，可使伤者发生毒性反应。伤口局部有红肿热痛、发疹外，有的人还会出现紫癜、荨麻疹等全身

症状。

吸血蝇咬伤急救：①局部用复方炉甘石搽剂或氢化可的松软膏涂抹，也可用无极膏擦患处，达到消炎止痒作用；②有全身过敏反应时，口服息斯敏、苯海拉明、扑尔敏等任何一种抗过敏药，必要时可注射麻黄素、肾上腺素；③若有较严重的全身反应，应尽快送医院救治。

（二）毒虫咬伤的预防

老房子、废墟、洞穴是蜘蛛、蝎子、蜈蚣、壁虱最常出没的地方，这些地方既可以提供避开恶劣天气的场所，同时也吸引着其他野生生物，所以在这些地方要特别小心。

在沙漠地区一定要戴手套，手触摸某个地方前，一定要先看看那里有没有什么东西；坐下或躺下前，也一定要先检查一下。站起来的时候，抖一抖靴子、衣服，检查一下有没有东西在里面。

第十章 电梯急救

随着经济和社会发展，电梯已经成为日常工作生活中必不可少的助行设施。但是如果对电梯检查维护保养不当，或因某些其他因素，电梯会出现故障，造成人员被困、被夹甚至伤亡。

一、电梯运行主要故障及原因

（一）正常或非正常停梯后电梯门打不开

电梯因控制系统故障或机械故障，造成正常或非正常停梯，电梯门打不开，人员无法及时离开轿厢。这类事故在电梯各类故障中发生概率最高，其故障现象为电梯轿厢到达平层区正常停梯后，电梯门不开；或者是电梯在行驶过程中因突然发生故障停梯，轿厢在非平层区停梯后，电梯门不开。

造成以上两种故障的原因有很多，常见的机械故障原因有开门机传送皮带断裂、厅轿门的传动机构机械卡阻、轴承抱轴等；电器故障的原因有门电路断电、门电机损坏、安全电路保护功能起作用或控制回路开关失效等。另外，供电电网停电或电梯采用双路供电换网时，控制系统自动保护等都会造成电梯门打不开的故障，从而引发电梯困人事故。

（二）开门走车

当有外呼或内选信号而无关门指令信号时，电梯在电梯厅、轿门未关闭的情况下，轿厢以快车或慢车状态运行，称为"开门走车"。

其故障的主要原因是，门锁回路出现自然短接，门锁继电器动作不正常或其触点咬合短路以及控制系统出现故障等造成厅轿门"开门走车"。

（三）冲顶和蹲底

电梯轿厢上行到达上端站时，减速功能失效，端站强迫减速开关和保护开关有故障，造成对重装置压在缓冲器上，称为冲顶；电梯轿厢下行到达下端站时，减速功能失效，端站强迫减速开关和保护开关有故障，造成轿厢压在缓冲器上，称为蹲底。

其故障原因有电梯换速开关失效或强迫减速开关位置不准确导致的电梯换速功能失效；由于制动器电器控制系统的原因使制动器延时断电、释放晚，制动器机械卡阻等导致了制动器故障；旋转编码器、位置传感器等故障可以造成电梯的冲顶和蹲底；另外，电梯的平衡系数偏小（对重较轻），电梯满载下行容易蹲底，而电梯平衡系数偏大（对重较重），电梯空载上行容易冲顶。

（四）溜车

当曳引机无动力时，轿厢与对重装置发生相对位移，称为"溜车"。其现象包括空载上行到中间层站后，平层不准确度超差，到上端站时经常撞到上限位开关。而满载下行到下端站时，经常撞到下限位开关或极限开关，当电梯曳引机无动力时，轿厢便出现滑行。

其主要原因是由于缺乏调整，使制动器制动力距不足，制动器不能将制动轮闸紧，或由于制动器闸瓦老化，磨损严重，修理不及时造成制动器失效。另外，由于制动器制动线圈接地或制动器延时释放、制动器卡阻等原因都能造成制动器故障，从而导致电梯"溜车"。

（五）其他

由于电梯使用时间长，部件磨损而未得到及时维护，或轿厢受导轨、导靴影响及自身原因等，电梯也会出现轿厢晃动大、发出异响等现象。

二、电梯事故的危害

（一）停梯后，门不开造成人员被困

上面提到，电梯因系统故障或机械故障会造成电梯门在停梯后打不开，人员无法及时离开轿厢，造成人员被困。由于空间狭小，可能还会伴有黑暗，此时会使人员发生慌乱，如果遇有高血压、心脏病患者，还有可能发生人员伤亡。

（二）"开门走车"造成人员被夹（剪切）

由于轿厢门还未关闭时轿厢便开始运行，会造成人员来不及完全进入或退出轿厢，身体被电梯轿厢剪切。当轿厢运行到楼层门厅时，会与墙壁卡住，对人员造成严重伤害。

案例 1

2008 年南京某医院内，一台电梯到站开门后，在病床车被人推入轿厢一半时，人员还未发出关门指令时电梯突然下行，将病人挤在轿厢顶部与楼层之间，病人肢体受到挤压。

（三）操作使用不当，导致人员跌入井道造成伤亡

电梯维修人员用专用的三角钥匙打开层门，而此时的轿厢却不在这一层，由于误入而造成跌入井道。轿厢离开本层而厅门未关闭（即"开门走车"），由于人员疏忽而造成坠落事故。另外，由于施工时未设护栏或警示牌等原因，也容易造成跌入井道事故。

三、电梯事故的自救

（1）被困人员应尽量平复自己的情绪，保持镇定，不要惊慌，尤其是有心脑血管疾病的人，过于紧张焦虑可能引起病情发作。几个人同时被困，可以用聊天来分散注意力。因为电梯装有防坠安全装置，会牢牢夹住电梯两旁的钢轨，就算停电，电灯熄灭，安全装置也不会失灵，电梯也不会掉下电梯槽。

案例 2

2007 年 6 月 10 日，广州市某酒店内电梯发生故障，导致 18 名乘客被困于电梯内，求救后由于酒店工作人员失职拖延了救援时间。当最终被困人员被解救出电梯时，多人面色苍白，因胸闷不适或呕吐而被送至医院。

（2）利用警钟或对讲机、手机求援，如无警钟或对讲机，手机又无法使用，可拍门叫喊，听到有人回答，立即说明情况，请求立刻找电梯技工或打电话叫消防员救援。消防员通常用手动器械把电梯绞上或绞下到最近的一层楼，然后打开门。

（3）如果电梯下坠不停，一定要保持镇定，并尽快把每一层楼的按钮都按一遍；如果电梯里有手把，要紧握手把，整个背部和头部要紧靠在电梯内墙，膝盖呈弯曲姿势。待电梯下到第一层或在中途停止时，要尽快打电话报警。

（4）如果外面没有专业救援人员在场，不要自行爬出电梯，千万不要尝试强行推开电梯内门。电梯可能突然开动，使人失去平衡，在漆黑的电梯槽里，人可能被电梯的缆索绊倒，从电梯顶上掉下去。即使安全地打开内门，也未必够得着外门，而打开外门也不见得能安全脱身，电梯外壁的油垢可能使人滑倒。

在乘坐电梯或遇到异常情况时，不得以扒、撬、砸等非安全手段开启电梯层门。

四、电梯事故的预防

（1）乘坐电梯时，除观察电梯内是否贴有安全检验合格标志外，还要注意上面标明的安全有效期。

（2）迈进电梯轿厢前，一定要仔细确认您将要踩到的是不是轿厢地板，盲目进入有可能导致人员坠落井道事故的发生。

（3）不要乱按或用硬物敲打电梯按钮，更不要在电梯内蹦跳玩耍，以免因剧烈晃动而发生急停关人事故。

（4）不要用身体或其他物体阻挡正在关闭的电梯门，电梯门口应该快速出入，并注意随身衣物避免与门板和地坎刮碰。

（5）不要打开电梯安全窗来运送较长的物品，因为伸出端极容易与井道内零部件或井道壁碰撞造成危险。

（6）不要携带未经处理的易燃、易爆或腐蚀性物品乘坐公用电梯，不要将货物集中堆入在轿内一角，乘客也应均匀站立，以免超载装置误动作，影响电梯运行。

迈进电梯轿厢前，一定要仔细确认您将要踩到的是不是轿厢地板。

参 考 文 献

[1] 山地风．防灾避险手册 [M]．郑州：中原农民出版社，2010.

[2] 徐亚凡．家庭应急自救手册 [M]．哈尔滨：黑龙江科学技术
    出版社，2010.

[3] 彭奇林．学生安全教育 [M]．北京：北京理工大学出版社，
    2010.

[4] 陈功．家庭安全防范手册 [M]．北京：中国检察出版社，
    2011.

[5] 国家减灾委员会，中华人民共和国民政部．全民防灾应急
    手册 [M]．北京：科学出版社，2011.

[6] 云南省突发公共事件应急委员会．公众安全应急手册 [M]．
    昆明：云南科学技术出版社，2011.